Imed Hezzi

Etude géologique, géophysique et implications pétrolières

Imed Hezzi

Etude géologique, géophysique et implications pétrolières

Caractérisation géologique, géophysique, géodynamique et lithostratigraphique des réservoirs pétroliers

Presses Académiques Francophones

Imprint

Any brand names and product names mentioned in this book are subject to trademark, brand or patent protection and are trademarks or registered trademarks of their respective holders. The use of brand names, product names, common names, trade names, product descriptions etc. even without a particular marking in this work is in no way to be construed to mean that such names may be regarded as unrestricted in respect of trademark and brand protection legislation and could thus be used by anyone.

Cover image: www.ingimage.com

Publisher:
Presses Académiques Francophones
is a trademark of
International Book Market Service Ltd., member of OmniScriptum Publishing Group
17 Meldrum Street, Beau Bassin 71504, Mauritius

Printed at: see last page
ISBN: 978-3-8416-3428-3

Zugl. / Agréé par: Rennes, Université Rennes1

Avant-Propos

Le sujet de thèse intitulé «Caractérisation géophysique de la plateforme de Sahel, Tunisie nord-orientale et ses conséquences géodynamiques» est entrepris en cotutelle entre Géosciences-Rennes (Université Rennes1) et le Laboratoire de Géologie structurale et appliquée (Université de Tunis El Manar). Cette thèse a été réalisée au laboratoire de Géosciences-Rennes (CNRS UMR6118) avec des séjours en Tunisie pour des missions d'étude de terrain.

Mes sincères remerciements s'adressent à mon directeur de thèse Tahar Aïfa, Géosciences-Rennes. Il n'a pas cessé de me conseiller et de m'orienter. Il était là à chaque fois que j'avais des difficultés, malgré ses lourdes charges et ses engagements professionnels. Je lui dois une particulière reconnaissance pour l'intérêt bienveillant qu'il a accordé à mon travail, pour la rigueur du travail de réflexion qu'il m'a inculquée et pour la confiance qu'il m'a témoignée. Je lui suis très reconnaissant pour son aide inestimable et ça m'a fait l'honneur de profiter de son expérience.

Au terme de ce travail, je tiens tout d'abord de remercier Mohamed Ghanmi, mon co-directeur, du Laboratoire de Géologie structurale et appliquée de Tunis. Qu'il reçoit ici l'expression des mes remerciements les plus chaleureux.

Je remercie vivement les membres de jury MM Eric Mercier et Fouad Zargouni pour avoir accepté de juger ce travail et d'en être les rapporteurs, ainsi que MM Jean Van den Driessche et Hakim Gabtni, pour leurs lectures attentives, leurs remarques constructives et leurs participations au jury.

Je remercie vivement MM Mohamed Dridi et Farès Khéméri, géologues à l'Entreprise Tunisienne d'Activités Pétrolières (ETAP), qui m'ont accompagné sur le terrain malgré leurs engagements. Ils n'ont cessé de m'apporter leurs conseils et leur aide durant les périodes les plus difficiles. C'est à cette occasion, que je tiens à leur adresser mes remerciements les plus respectueux. Un grand merci aussi à Farès Khéméri pour m'avoir accueilli en stage à ETAP. Qu'ils trouvent ici l'expression de ma profonde gratitude.

Je remercie très sincèrement Mr Abdallah Mâazaoui, qui m'a toujours apporté ses conseils, son aide, son soutien moral et pour nos discussions constructives à ETAP.

Mes remerciements les plus amicaux s'adressent à tous les personnels d'ETAP et du Centre de Recherches et Développement Pétrolières (CRDP, ETAP).

Je tiens à remercier Laure, Mansour et Vitalii, mes collègues de bureau avec qui j'ai partagé des moments agréables et je leur souhaite une bonne chance pour leur soutenance de thèse.

Je remercie encore mes amis qui ont été toujours à côté de moi pour leur aide moral et matériel: Habib, Kadhem, Khelil, Mylène, Farès, Merouan, Tarik, Virginie, Samira, Florence, Chokri, Sami, Walid et Wided qui m'a beaucoup soutenu surtout aux moments les plus difficiles.

Tous mes amis et collègues de l'Université de Tunis et de l'Université de Rennes1 dont je n'ai pas cité le nom, qu'ils trouvent ici mes sincères remerciements.

Je remercie toute ma famille pour leur soutien moral et matériel qu'elle m'a fourni lors de mes études. Ce travail n'aurait pas vu le jour sans leurs sacrifices continus. C'est à ma mère, mes frères, mes sœurs, ma belle sœur et à mes poussins Ayoub, Meryouma, Dhiaa et Oussama que je dédie ce travail.

Résumé

Les mesures microtectoniques, les coupes et les logs lithostratigraphiques, les données de forages pétroliers et les profils sismiques, en Tunisie nord-orientale onshore et offshore, montrent: (i) une variation latérale et en profondeur des séries lithostratigraphiques, (ii) une série de structures faillées en subsurface, caractérisées par des plis de direction N45°, des failles inverses et des décrochements N90-110° dextres et N160-180° sénestres auxquels sont associés des bassins. Les déformations tectoniques reconnues par les données sismiques n'affectent que des zones étroites, allongées et orientées selon trois directions majeures: N45°, N100-120° et N160-180°. Les données microtectoniques ont dévoilé une dominance de fractures NW-SE, NNE-SSW et NE-SW à ENE-WSW respectivement sur les formations du Valenginien-Tortonien, Aptien et Yprésien, et Aptien, Yprésien et Langhien. L'association de toutes les données a permis de mettre en évidence: (a) une phase extensive au Crétacé de direction moyenne N110° matérialisée par des failles normales subméridiennes, NW-SE à WNW-ESE dextres, ENE-WSW à NE-SW senestres, (b) une compression de direction NW-SE pendant l'Eocène, (c) une extension de direction NE-SW à l'Oligocène, (d) une compression de direction NW-SE au Tortonien suivie par (e) une distension NE-SW au Messinien et enfin (f) une compression au Pliocène de direction NW-SE. Ces phases alpine et atlasique s'amortissent vers l'Est lors de la transition onshore-offshore et leur ampleur diminue d'Ouest et Nord-Ouest vers l'Est. On y observe des zones fortement faillées et plissées, alors que vers l'Est elles sont faillées et structurées en horsts et en grabens. Les réservoirs sont bien développés et sont de deux types : (i) carbonatés et fracturés (formations Abiod, Métlaoui, Souar et Chérahil, et Aïn Grab) et (ii) siliciclastiques (formations Birsa et Saouaf). Les roches mères qui constituent les formations Fahdène, Métlaoui, Bou Dabbous et El Gueria, ont alimenté ces réservoirs. Des pièges tantôt structuraux, associés à des structures plissées et fermées par failles, tantôt stratigraphiques, induits par changement de faciès, se sont développés suite à ces phases de compression. Les séries argileuses épaisses des formations El Haria, Souar et Chérahil, et Oum Dhouil constituent de bonnes couvertures continues qui scellent les structures des réservoirs. Les inversions structurales et la tectonique tangentielle en Tunisie orientale jouent un rôle important dans la structuration de la couverture et de l'évolution du système pétrolier.

Mots clés: Tunisie nord-orientale, microtectonique, sismique, bassin, inversion.

Abstract

Microtectonic measurements, the lithostratigraphic cross-sections and logs, the data of oil drillings and the seismic profiles, in north-eastern Tunisia onshore and offshore, show: (i) a side and in-depth variation of the lithostratigraphic series, (ii) a series of faulted structures at subsurface, characterized by folds oriented N45°, reverse faults and N90-110° dextral and N160-180° sinistral strike-slips associated with basins. The tectonic deformations recognized by the seismic data affect only narrow zones, lengthened and oriented according to three major directions: N45°, N100-120° and N160-180°. The microtectonic data revealed a predominance of fractures NW-SE, NNE-SSW and NE-SW to ENE-WSW on the formations of Valenginian-Tortonian, Ypresian Aptian and Aptian, Ypresian and Langhian, respectively. The associations of all data helped to identify: (a) an extensive phase Cretaceous in age, ~N110° oriented and materialized by NS normal faults, NW-SE to WNW-ESE dextral and ENE-WSW to NE-SW sinistral faults, (b) a NW-SE compression during the Eocene, (c) a NE-SW Oligocene extension, (d) a NW-SE Tortonian compression followed by (e) a NE-SW Messinian distension and (f) a NW-SE Pliocene compression. These Alpine and Atlassic phases decrease eastwards at the onshore-offshore transition and their magnitude decreases from the West and Northwest to the East, where strongly folded and faulted zones can be observed, whereas Eastwards they are faulted and structured in folds and troughs. The reservoirs are well developed and are of two types: (i) carbonated and fractured (Abiod, Métlaoui, Souar and Chérahil, and Aïn Grab formations) and (ii) siliciclastic (Birsa and Saouaf formations). Sometimes structural traps, associated with structures folded and closed by faults, sometimes stratigraphic, induced by change of facies, developed following these compression stages. The bed rocks which constitute the Fahdène, Métlaoui, Bou Dabbous and El Gueria formations, supplied these reservoirs. The thick argillaceous series of the El Haria, Souar and Chérahil, and Oum Dhouil formations constitute good continuous covers which seal the structures of the reservoirs. The structural inversions and thrusting in Eastern Tunisia play a significant role in the structuring of the cover and the evolution of the oil system.

Keywords: North-East Tunisia, microtectonics, seismics, basin, inversion.

3

Tables des matières

Chapitre I: Introduction générale

Chapitre II: Evolution tectonique de la Méditerranée

Chapitre V: Etude structurale et microstructurale de la région d'Enfidha et en Tunisie nord-orientale

Chapitre VI: Etude Sismique

Chapitre VII: Interprétation des données sismiques

Chapitre VIII: Discussion et implications pétrolières

Chapitre I: Introduction générale

I. Introduction

La Tunisie est située entre deux domaines tectoniques différents en bordure nord-est de la marge nord-africaine: un premier domaine orogénique alpin actif depuis le Crétacé supérieur recouvrant toute l'Atlas et un second domaine tectoniquement stable qui s'étend de la mer pélagienne à la petite Syrte (Fig.1.1). Elle était le siège d'événements tectonique multiphasiques globaux depuis le Mésozoïque jusqu'au présent (Caire, 1970; Wildi, 1983; Dercourt et al., 1985; Dewey et al., 1989; Guiraud et Maurin, 1992; Giraud et Bosworth, 1997; Piqué et al., 1998). La Tunisie a subi une évolution géodynamique interprétée par une grande diversité des structures érigées en pulsation successive au cours de Méso-Cénozoïque (Castany, 1952; Caire, 1970; Haller, 1983; Zargouni, 1985; Ben Ayed, 1986; Bédir, 1995; Bouaziz et al., 2002; Abbes, 2004; Khomsi et al., 2004; Sebeï, 2008; Boussiga, 2008).

I.1. Présentation du secteur d'étude

I.1a. Cadre géographique

Le secteur d'étude fait partie de la Tunisie nord-orientale. Il se situe approximativement entre 10° et 11.5° de latitude sud et entre 35° et 36.30° de longitude est (Fig.1.1). Il englobe les régions d'Enfidha, de Sousse, de Monastir et du golfe de Hammamet. Il est limité à l'Ouest et au NW par le couloir de failles de l'axe NS (Burollet, 1956; Abbes, 1981) et par l'accident de Zaghouan (Turki, 1985) qui le séparent du domaine atlasique. Il est constitué par le Cap Bon et le golfe de Hammamet au Nord, la plateforme du Sahel et au centre et le Kairouan au Sud. A l'Est, il se prolonge en mer par le bloc pélagien (Blanpied, 1978). Il est limité par l'alignement NW-SE des rifts du détroit siculo-tunisien marqués par des pointements des îles volcaniques Linosa, Pantelleria et les îles de Lampedusa et Malte. Dans cette région, du Sud au Nord on rencontre les structures suivantes: Les Djebel Souatir, Fadhloun, Garci, Mdeker, le flanc oriental du synclinal de Saouaf, les massifs compris entre Jradou et Takrouna (Fig.1.1).

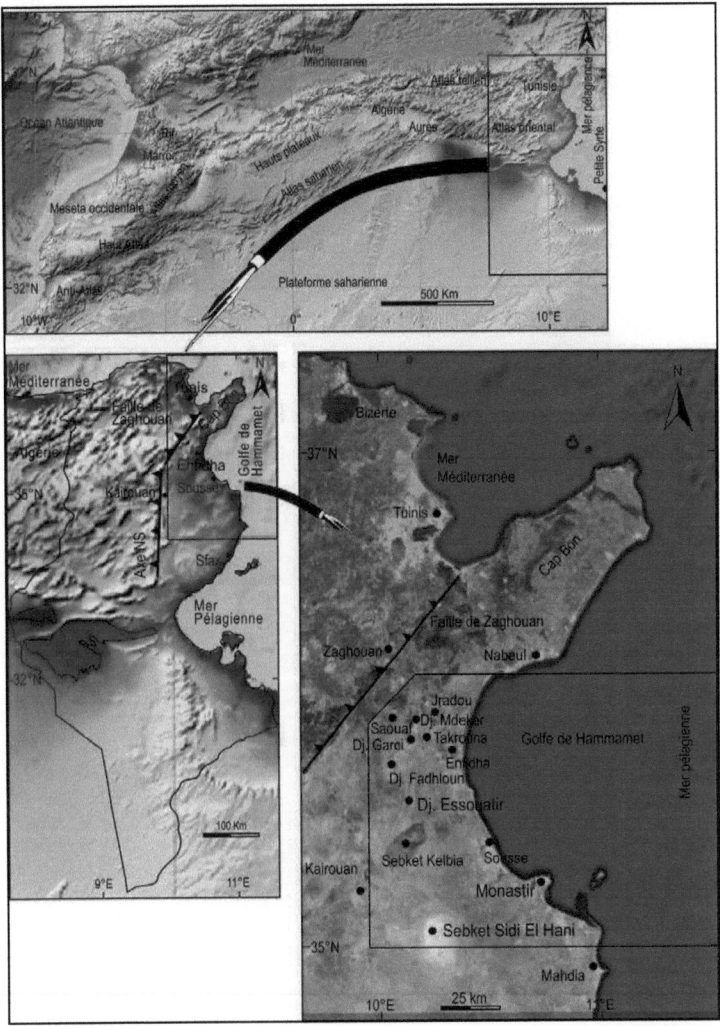

Fig.1.1. Localisation géographique de la Tunisie nord-orientale et du secteur d'étude.

I.1b. Cadre stratigraphique

Les dépôts sédimentaires qui affleurent en Tunisie orientale en Onshore (Jauzein, 1967; Ben Salem, 1992; Turki, 1985; Saadi, 1997) et en Offshore dans le golfe de Hammamet, au niveau des forages pétroliers s'échelonnent du Jurassique à l'actuel. Les séries sédimentaires identifiées dans le synclinal de Saouaf, le synclinal Ermila, le golfe d'Hammamet et dans la région de Sousse présentent des lithofaciès similaires à ceux du sillon tunisien (Burollet, 1991). Elles se caractérisent par de vastes plaines à dominance de dépôts plio-quaternaires (Fig.1.2).

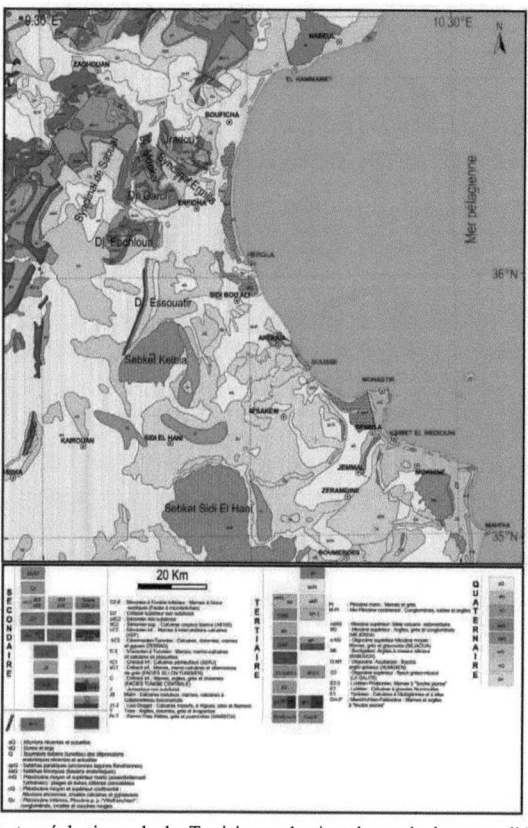

Fig.1.2. Carte géologique de la Tunisie nord-orientale et de la zone d'étude (carte au 1/500000, service géologique de Tunisie). (Les anciens termes Néocomien et Sénonien ne sont plus utilisés actuellement et désignent respectivement: Berriasien, Valanginien et Hauterivien, et Coniacien, Santonien, Campanien et Maastrichtien).

I.1c. Cadre géologique

La zone d'étude comprend le bloc Enfidha au Nord (Bédir, 1995; Chihi, 1995) qui correspond à une zone plissée et faillée. D'après Burollet (1956) les structures géologiques d'Enfidha sont en étroite liaison avec l'axe NS. Notre secteur est donc limité à l'Ouest par l'axe NS (Fig.1.1). Cet axe correspond à une suture profonde due aux hétérogénéités du socle. Il sépare un domaine instable à l'Ouest et un domaine stable à l'Est (Burollet, 1956). Il est dû à l'infléchissement des plis de direction atlasique (NE-SW) qui deviennent NS à l'approche de la zone de Haffouz-Kairouan au Sud (Fig.1.1). Cette vision purement géographique, considère que l'axe NS n'est qu'un prolongement suivant une direction NS de l'Atlas tunisien. Il est considéré comme butoir sur lequel se sont moulés et heurtés les plis atlastiques qui sont par ailleurs orientés NE-SW (Burollet, 1981). Burollet (1956,1973) définit l'axe NS comme une grande cassure de socle active pendant de longues périodes géologiques. C'est une zone à forte réduction d'épaisseur et à nombreuses discordances (Fig.1.3). Vers l'Est de cet axe NS se développent des plaines orientales dominées par les affleurements mio-plio-quaternaires (Burollet, 1981; Haller, 1983; Bédir, 1988; Amari et Bédir, 1989). Ce qui rend l'étude géologique très difficile, ainsi les données exploitables dans cette zone sont les forages pétroliers, les profils sismiques, les données gravimétriques et les données de surface. Elles ont permis à certains auteurs (Haller, 1983; Boukadi, 1994; Bédir, 1995; Khomsi et al., 2004. 2006; Gabtni, 2005; Hadj Sassi et al., 2006; Gribi et Bouaziz, 2010) de démontrer qu'en subsurface la zone est très faillée et caractérisée par une évolution structurale complexe avec développement de bassins de type pull-apart associés aux couloirs de décrochements. L'existence de couloirs de failles hérités, suivant les directions EW, NW-SE, NE-SW et NS contrôlent les remplissages des bassins. D'autres auteurs ont donné aux failles EW un rôle important en Tunisie orientale (Kamoun, 1981, 2001; Delteil et al., 1991; Bédir 1988, 1995). Ces failles représenteraient les manifestations de la rotation anti-horaire du bloc apulien et l'expulsion de la partie nord-orientale de la Tunisie (Delteil et al., 1991). Ces zones de convergences de ces deux directions constitueraient alors des zones de chevauchements et de décollements, d'autant plus que le Trias perce dans ces zones de fragilisation de la couverture sédimentaire tel que le Djebel Chérichira (Boukadi, 1994).

Une tectonique de chevauchement voire même tangentielle a été évoquée au niveau de l'axe NS (Coiffai, 1973; Abbès et al., 1981; Abbès, 1983; Truillet et al., 1981; Delteil et al., 1981) et plus au Nord, à l'Est de l'accident de Zaghouan (Truillet, 1981) et au Sud (Yaîch, 1984). Haller (1983) avait par ailleurs évoqué des chevauchements dans la partie occidentale du Sahel (Fig.1.3). Latéralement les séries sédimentaires montrent des variations des épaisseurs, des amincissements et des biseautages. Cette variation des épaisseurs est dûe au niveau de certains nœuds tectoniques à des montées triasiques particulières (Haller, 1983; Boukadi, 1994; Bédir, 1995; Gabtni, 2005; Khomsi et al., 2006). La couverture des séries mio-plio-quaternaires le long de la plaine orientale masque l'état réel en subsurface de cette zone. Ainsi, c'est une zone très faillée et instable.

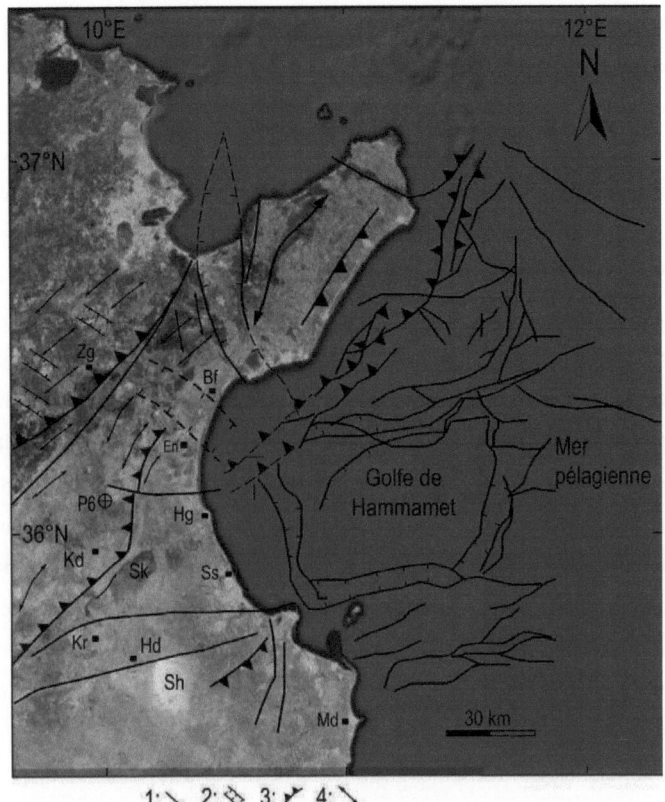

Fig.1.3. Carte des linéaments structuraux de la Tunisie orientale. 1:Failles normales, 2:Grabens, 3:Décrochements, 4:Axes de plis, En: Enfidha, Ss: Sousse, Bf: Bou Ficha, Zg: Zaghouan, Kr: Kairouan, Hg: Hergla , Sh: Sebkhet Sidi El Hani, Sk: Sebkhet, Kelbia, Hd: Hdadja, Kd: Kondar, Md: Mahdia.

II. Les domaines structuraux du Maghreb et de la Tunisie

La Tunisie occupe l'extrémité orientale de l'édifice orogénique maghrébin. Elle se caractérise par la dominance de la chaîne atlasique qui fait partie de l'orogène alpin périméditerranéen (Durand-Delga, 1969) d'âge tertiaire qui s'étend de l'Ouest à l'Est sur plus de 2000 km, depuis l'Espagne du Sud jusqu'à l'arc calabro-péloritain. La chaîne atlasique est constituée par quatre unités structurales majeures dans sa partie occidentale (au Maroc): l'Anti-Atlas, le Haut Atlas, le Moyen Atlas et le Rif (Fig.1.4). En Algérie

13

occidentale, elle est constituée par deux unités importantes: l'Atlas tellien et l'Atlas saharien séparés par les Haut Plateaux qui semblent se comporter comme un bloc rigide, se déformant simplement au niveau de ses bordures. Vers l'Est de l'Algérie, les Hauts Plateaux disparaissent et l'Atlas saharien s'élargit pour former l'Atlas oriental constitué par les Aurès et l'Atlas tunisien. Vers l'Est, la chaîne des Aurès diminue d'altitude. Elle est séparée de l'Atlas tunisien par un ensemble de rampes obliques de direction NW-SE permettant au front sud-atlasique tunisien de se propager plus au Sud. Au Nord se développe l'Atlas tellien qui est formé par trois domaines structuraux. Un domaine externe ou domaine tellien (ou encore tello-rifain) est constitué par un ensemble de nappes découpées dans des terrains sédimentaires marneux et calcaires d'âges crétacé et paléogène. Ces unités dérivent d'une ancienne marge africaine de la Téthys. Un second domaine, nommé le domaine des flyschs qui correspondent à des nappes pelliculaires d'âge crétacé-paléogène, largement chevauchantes sur les unités telliennes. Le substratum stratigraphique de ces dépôts profonds n'affleure que très rarement. Ces flyschs se sont donc déposés dans un bassin de nature au moins partiellement océanique, le bassin maghrébin, qui se reliait vraisemblablement au bassin ligure de la Téthys. Le dernier domaine est nommé domaine interne. Il comporte des massifs de socle poly-métamorphique panafricain et hercynien, des terrains d'âge cambrien à carbonifère métamorphisés et leur couverture d'âge mésozoïque et tertiaire. Ces zones internes sont surtout constituées des massifs de Kabylie (Fig.1.4). Elles chevauchent le domaine des flyschs et le domaine tellien. En Petite Kabylie, les chevauchements sont très plats et des formations d'âge mésozoïque et éocène métamorphisées, appartenant aux unités telliennes et aux flyschs, apparaissent en fenêtre sous le socle kabyle à plusieurs dizaines de kilomètres en arrière du front de chevauchement (Fig.1.4).

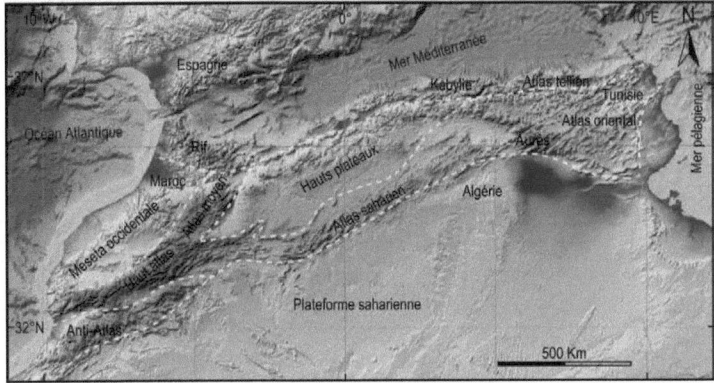

Fig.1.4. Les unités structurales de l'Atlas (MNE ETOPO1: Earth Topography, données de l'agence National Oceanic and Atmospheric Administration).

La Tunisie a été une région instable pendant le Mésozoïque et Cénozoïque. Sa partie NW était marquée par une subsidence prononcée qui a permis l'accumulation de puissantes séries sédimentaires. Dans la zone des plis atlasiques et sur la plateforme orientale, la subsidence était moins prononcée et irrégulière dans le temps et dans l'espace. Actuellement, la Tunisie est subdivisée du Nord au Sud en plusieurs zones structurales (Fig.1.5).

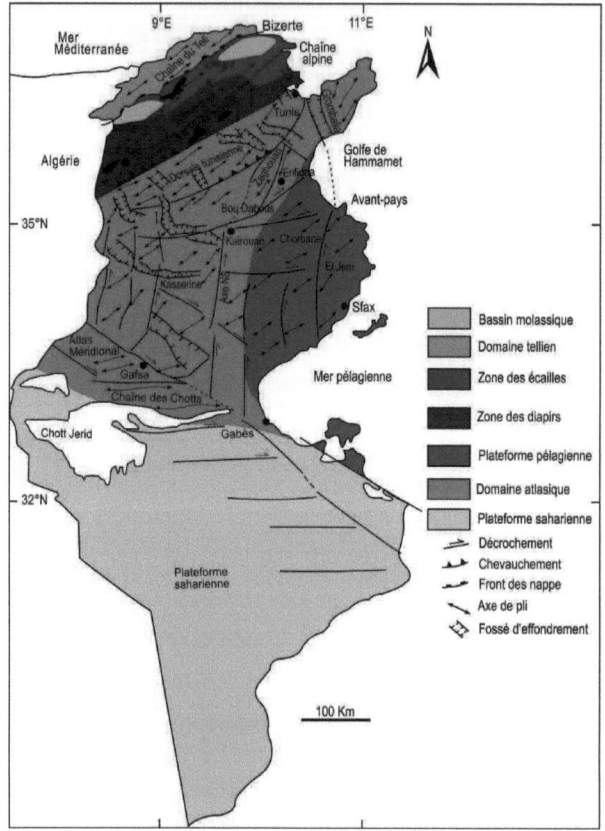

Fig.1.5. Carte structurale et des linéaments majeurs de la Tunisie.

II.1. Domaine de la plateforme saharienne (Tunisie méridionale)

Elle est constituée au Sud par un socle précambrien granitique et métamorphique connu dans les forages du Sud tunisien (Sidi Toui), en Algérie et en Libye. Cette plateforme est soulevée dans sa partie nord, constituant ainsi l'arc de Telemzane. Elle est affectée par un système de failles de direction N90-120°. Le socle précambrien est recouvert par des séries paléozoïques argilo-gréseuses sub-tabulaires. Les faciès permiens traduisent une grande limite paléogéographique à la latitude de l'arc de Telemzane et de Médenine soulignée par une frange récifale au Nord de laquelle évolue un bassin marin très subsident au niveau de Jeffara et du

16

golfe de Gabès. La structuration hercynienne sur cette plateforme saharienne a été scellée en discordance par les séries mésozoïques (Fig.1.5).

II.2. Domaine atlasique (Tunisie occidentale)

II.2a. L'Atlas méridional

Il est constitué par deux chaînes majeures de plis à cœur d'âge crétacé ou parfois jurassique: la chaîne nord du chott au Sud et celle de Gafsa au Nord, séparées par de vastes plaines à remplissage néogène continental. Ces chaînes sont formées d'une succession de plis d'entraînement "en échelon" de direction NE-SW associés à un décrochement dextre, correspondant au couloir de faille N120° de Gafsa qui se prolonge de l'Algérie jusqu'à la flexure de Jeffara au SE. Le long de cette flexure au niveau de la zone Hdifa apparaît le Trias sous forme d'extrusion diapirique. Ces deux chaînes de plis forment deux mégastructures de méga-lentilles en relais droits. Il est admis actuellement que cette chaîne a pris naissance au Crétacé supérieur selon des mouvements tectoniques décrochants. Les études géologiques ont montré (Bédir et al., 1992) que les structures plissées de cette chaîne sont nées sur d'anciens accidents profonds d'âge ante-jurassique et que les mouvements halocinétiques du Trias ont commencé très tôt (Fig.1.5).

II.2b. L'Atlas central

Il est aussi formé de structures plissées d'entraînement à cœur crétacé inférieur et de direction NE-SW et EW. Ces plis sont nés le long des failles EW et NW-SE, au Crétacé supérieur. Au niveau des zones de jonction des couloirs tectoniques se placent les intrusions du Trias (Bobier et al., 1991). Dans ce domaine s'individualise « l'Ile de Kasserine », émergée à la fin du Crétacé supérieur (Burollet, 1956; M'Rabet, 1981; Bobier et al., 1991). Au NW de l'Atlas central, s'individualisent des fossés d'effondrement transverses de direction NW-SE d'âge néogène à plio-quaternaire. Des études récentes ont montré que les plis de l'Atlas central étaient formés le long des coulissements des failles NW-SE, EW et NS et qu'ils ne présentaient qu'une seule terminaison principale (Chihi, 1984; Bobier et al., 1991; Boukadi, 1994). Alors que des études de subsurface (Zitouni, 1992;

Zitouni et al., 1993) ont montré que des structures plissées similaires étaient nées sur d'anciens accidents profonds d'âge ante-jurassique.

II.2c. L'Atlas septentrional

Il est formé d'anticlinaux de direction NE-SW déversés vers le Sud en écailles chevauchantes. Cet Atlas est limité au Nord par de grandes structures d'extrusions triasiques nommés « Zone de diapirs ». Ce domaine est caractérisé par la présence de fossés d'effondrement transverses de direction NW-SE (Fig.1.5).

II.3. Le domaine alpin et le sillon tunisien (Tunisie septentrionale)

La partie septentrionale correspond à une zone de croûte continentale qui s'amincit vers le Nord. Le Nord de la Tunisie est constitué, du Sud au Nord, par deux sillons subsidents. Le sillon tunisien et le sillon tellien sont séparés par la zone de haut fond de la ride de l'Hairech-Ichkeul bordés au Sud par une zone d'extrusion Triasique (Rouvier, 1977; Bobier et al., 1991) (Fig.1.5).

II.3a. Le Sillon tunisien

C'est une structure très subsidente de dépression orientée NE-SW à fortes accumulations sédimentaires mésozoïques et paléogènes ayant pris naissance au moins depuis le Jurassique. Le remplissage sédimentaire de ce sillon est assuré par l'accumulation de deux prismes de progradation de l'Ile de Kasserine (M'Rabet, 1981; Bobier et al., 1991) (Fig.1.5).

II.3b. La zone des extrusions triasiques

Elle se caractérise par des affleurements triasiques extrusifs disposés en relais droits de direction NE-SW. Ces extrusions sont effectuées à la faveur de failles profondes de direction EW et N60° (Adil, 1993) qui limitaient les bordures de bassins de cet âge. Les flancs de ces extrusions triasiques montrent des réductions, des remaniements de séries sédimentaires, des discordances angulaires et des brèches depuis l'Aptien jusqu'au Miocène (Perthuisot, 1978; Belhadj, 1979; Dali, 1979). Certains auteurs (Burollet, 1975; Bobier et al., 1991) considèrent qu'il s'agit du début des mouvements halocinétiques du Trias en Tunisie.

II.3c. La zone de ride de Hairech-Ichkeul

Elle est caractérisée par l'existence de deux pointements permo-triasique et jurassique à séries schisteuses, métamorphiques et volcaniques. Leurs positions en séries métamorphiques, volcaniques et leurs âges anciens constituent autant de témoins de vestiges des ouvertures transformantes téthysiennes (Alouani, 1991; Adil, 1993) sur la bordure nord de la plaque africaine. Il s'agit d'un haut fond correspondant à des blocs découpés par des accidents anciens réactivés en failles inverses par la collision Sardaigne-Tunisie (Bobier et al., 1991) (Fig.1.5).

II.4. La zone des nappes numidiennes

Elle est constituée par des ensembles sédimentaires argilo-gréseux turbiditiques d'âge oligo-miocène en position allochtone de nappes (Rouvier, 1977) charriées vers le Sud à partir du Serravalien (Tlig et al., 1991) à la suite de la collision du bloc Sarde avec un haut fond situé au niveau de l'Ile de la Galite (Schamel, 1982; Bobier et al., 1991).

II.5. Le domaine oriental

Ce domaine se raccorde à une zone de croûte continentale amincie vers le NE. Il est limité à l'Ouest et au NW par le couloir de failles de l'axe NS (Burollet, 1956; Abbes, 1981) et par l'accident de Zaghouan (Turki, 1985) qui le sépare du domaine atlasique. Il est constitué par le Cap Bon et le golfe de Hammamet au Nord, la plateforme du Sahel et le golfe de Gabès au centre et au Sud. A l'Est il se prolonge en mer par le bloc pélagien (Blanpied, 1978) et est limité par l'alignement NW-SE des rifts du détroit Siculo-Tunisien marqués par des pointements des îles volcaniques Linosa, Pantelleria et les îles de Lampedusa et Malte. Selon (Bobier et al., 1991), elles correspondent à des bassins losangiques ouverts dans un couloir de décrochement EW. C'est une plateforme stable, régulièrement mais lentement subsidente au cours du Mésozoïque dont les faciès, reconnus par quelques forages, sont de type néritique de mer ouverte avec prépondérance de sédiments carbonatés (Burollet et Byramjee, 1974). Par contre au cours du Cénozoïque, la subsidence devient plus active et permet l'accumulation de puissantes séries. Les déformations tectoniques reconnues en profondeur par les données sismiques (Haller, 1983; Bédir et Bobier, 1987) n'affectent que des zones étroites, allongées et orientées selon trois directions majeures: N45°, N100-120° et N160-180°. Ces zones, mobiles à plusieurs époques géologiques et tectoniquement complexes, délimitent de vastes secteurs peu ou pas déformés. Au Crétacé supérieur-Paléocène, la plateforme orientale est soumise à un régime distensif donnant lieu à des fossés allongés au N160° liés probablement à des failles N130° senestres de type failles transformantes. L'ouverture de ces fossés est en accord avec les émissions volcaniques décalées en surface et en subsurface au Crétacé supérieur et qui caractérisent par ailleurs cette plateforme orientale. Une compression éocène, manifestée d'une façon atténuée, provoque des plis à grands rayons de courbures orientés N45° à N60°. Localement, cette tectonique a pu être accompagnée de manifestations diapiriques. Au cours de l'Oligocène se développent des bassins localisés, orientés N45° et N90-110° et contrôlés par une tectonique distensive (Fig.1.5). La déformation miocène est beaucoup moins intense que dans le reste de la Tunisie. En effet, la plateforme orientale n'est affectée que par des plis de direction N45°, accompagnés souvent par des failles inverses et associés à des décrochements N90-110° dextres et N160-180° senestres. Des témoignages des déformations plio-quaternaires sont reconnues à l'affleurement dans des zones étroites situées le plus souvent dans le prolongement de structures atlasiques et à l'aplomb d'accidents détectés par la sismique réflexion (Bédir et Zargouni, 1986). Cette déformation est représentée par une succession d'anticlinaux dissymétriques, à flancs NW redressés, et par des décrochements N90° dextres et N160° senestres, rejeux probables d'accidents préexistants (Fig.1.5).

II.5a. Le Cap Bon et le golfe de Hammamet

Cette zone est formée de structures plissées de direction NE-SW, limitée par des couloirs de faille N90-120° et N180° (Ben Ayed et al., 1983; Ben Salem, 1992; Bédir et al., 1992). Ces structures sont séparées par des gouttières synclinales à fortes accumulations de séries néogènes et de plateforme subsidentes. La structuration tectonique de subsurface de cette

20

zone rappelle celle de la Tunisie centrale et méridionale par la formation d'importants fossés au sein des couloirs de failles EW et NS d'âge miocène et pliocène (Fig.1.5).

II.5b. Le Sahel

Ce domaine a été considéré depuis longtemps comme un domaine de plateforme mésozoïque, qui a subi une importante subsidence par rapport à la Tunisie centrale à partir de l'Oligocène, constitue en fait une continuité des structures atlasiques de l'Ouest, enfouies en subsurface et dont les témoins en surface sont marquées par les chaînes plissées orientées NE-SW de Sidi Ali au Nord et de Bouthadi-Chorbane-Zéramdine au centre. Ces chaînes sont séparées par de vastes plaines à remplissages néogène et quaternaire et dont certaines d'entre elles sont occupées par des Sebkhas. Ce remplissage est lié à la subsidence d'ensemble du Sahel et du bloc pélagien induit par l'amincissement crustal visible au niveau du détroit siculo-tunisien. Du point de vue tectonique les couloirs de failles découpant la marge du Sahel présentent les mêmes directions EW et NS (Bédir, 1988; Bédir et al., 1992) que l'Atlas tunisien et généralement constituant la continuité des couloirs de l'Atlas centro- méridional et ceux du Cap Bon-Hammamet. Dans ce domaine, des intrusions du Trias s'observent, en subsurface le long des structures plissées et faillées. Ce Trias à faciès évaporitiques et salifères a été rencontré dans plusieurs puits pétroliers du Sahel (Fig.1.5).

II.6. Conclusion

Excepté la plateforme saharienne, la Tunisie a toujours été une région instable pendant tout le Mésozoïque et le Cénozoïque. En effet, la partie NW était marquée par une subsidence prononcée et régulière ayant permis l'accumulation de puissantes séries qui, au cours du rapprochement des plaques africaine et eurasiatique, étaient charriées vers le Sud. En revanche, dans la zone des plis atlasiques et sur la plateforme orientale, la subsidence était moins prononcée et plus irrégulière aussi bien dans le temps que dans l'espace. L'hétérogénéité est liée à des jeux de failles majeures délimitant des blocs. Il reste néanmoins à mieux cerner la contribution de ces

21

discontinuités dans la genèse et l'évolution des structures actuelles, particulièrement dans la zone des plis atlasiques.

La structuration de la Tunisie méridionale est par contre mieux élucidée (Zargouni, 1984. 1985). La configuration structurale semble bien induite par les activités des discontinuités structurales du substratum. Ainsi la partie de l'Atlas méridional, entre Gafsa et Tozeur est considérée comme un segment de la flexure sud-atlasique, région où la croûte continentale de la plateforme saharienne qui était stable depuis le Précambrien supérieur, devient instable durant le Paléozoïque et le Méso-Cénozoïque (Zargouni, 1984. 1985).

III. Problématique et objectifs du travail

III.1. Présentation et problématique

Dans ce travail, on s'intéresse à l'analyse de la déformation passée et actuelle du système en convergence Europe/Afrique, ainsi que son influence sur la géodynamique de la plateforme de Sahel et le golfe de Hammamet, afin de mieux caractériser les domaines tectoniques et les événements tectoniques polyphasés complexes (compressifs et distensifs). La Tunisie nord-orientale (onshore/offshore) présente un environnement fondamental pour étudier la tectonique récente, comme l'ont montré plusieurs travaux antérieurs (Kamoun, 1980; Martinez et Paskoff, 1984; Bouaziz, 1995; Bouaziz et al., 2003). Par ailleurs la plateforme de Sahel et le golfe de Hammamet constituent un environnent géologique fondamental pour le système pétrolier. La compréhension de la géodynamique de la plateforme de Sahel et la transition entre l'onshore et l'offshore (Tunisie nord-orientale) associée à un contexte tectoniquement actif ou passif, passe par une connaissance la plus poussée possible de la géométrie des structures tectoniques en profondeur et des marqueurs tectoniques à terre. Ainsi ce projet se fonde sur l'acquisition et le croisement des données venant de plusieurs disciplines des géosciences, telle que la géologie structurale, l'imagerie satellitaire, la sismique réflexion et les données des puits.

III.2. Objectifs

Les objectifs de cette étude sont de mieux définir l'architecture de la plateforme de Sahel et le golfe de Hammamet (transition onshore/offshore), de quantifier le raccourcissement/extension, la cinématique et le mécanisme à l'origine de la déformation, d'analyser la tectonique active et de caractériser le potentiel sismique des failles qui dominent la zone d'étude et enfin de faire une analyse spatio-temporelle de la déformation à partir des données de surface (pendages, microtectoniques, surfaces d'érosion, dépôts syntectoniques) et de subsurface (sismiques réflexion, corrélations lithostratigraphiques à partir des données des puits pétroliers) qui permettront de reconstituer la déformation.

III.3. Thématiques

Cette étude est basée sur les thématiques suivantes:

- La géologie structurale: analyse structurale, microtectonique, tectonique de chevauchement et élaboration des coupes de terrain.

- La sismique: traitement et interprétation des profils sismiques, données des puits pétroliers, cartes sismiques (cartes isochrones, isobathes, isopaques...) et modélisation 2D.

- La restauration de la déformation ainsi que la nature de la tectonique qui a contrôlé géodynamiquement la plateforme de Sahel et le golfe de Hammamet (tectonique des plaques, halocinèse...).

IV. Aperçu sur quelques travaux antérieurs

Biely et al. (1973) ont découvert une couche qui ne dépasse pas 30 cm d'épaisseur, constituée de calcaire sombre glauconieux et phosphaté très riche en faune d'âge aptien: elle correspond à l'Aptien condensé de la région d'Enfidha.

Jauzein (1967) discute des problèmes géodynamiques de la Tunisie centrale. Il note des lacunes d'ampleurs variables de la formation El Haria en Tunisie nord-orientale. Il déduit, à la suite de Burollet (1956), que la formation El Haria n'a pas partout la même valeur chronostratigraphique et ceci contrairement à la base de la formation Métlaoui et le Tertiaire est marqué par une transgression généralisée, l'Yprésien comme série régressive et le Lutétien comme série transgressive. Il trace une carte paléogéographique en isopaque et en lithofaciès de la formation Métlaoui qui fait ressort des bassins et des gouttières allongés NE-SW séparés par des zones hautes de même direction.

Guirand (1968) puis Coiffait (1974) considèrent le Djebel Chérahil comme chevauchant l'ensemble des dépôts de sa retombée orientale (plaine de Nasrallah) et mettent en évidence des mouvements diapiriques à l'Ouest de Kairouan associées à des décollements de la couverture tel que celui de Djebel El Batène.

Richert (1971), en se référant à la géométrie et à la cinématique des structures, a mis en évidence la présence de quatre phases tectoniques successives en Tunisie. Les deux premières sont à l'origine des accidents et des plis de direction subméridienne, alors que les deux dernières provoquent des structures et des fossés d'effondrement.

Fournié (1978) précise la nomenclature lithostratigraphique des séries du Crétacé supérieur-Tertiaire, il définit pour l'Eocène inférieur (Yprésien) quatre unités lithostratigraphiques nouvelles et précise les conditions de dépôts des calcaires yprésiens d'El Gueria.

Comte et Lehman (1974) analysent 10 coupes de terrain pour l'Yprésien, levées le long de l'axe NS et qui définissent 9 types de microfaciès, ils distinguent des faciès de type marins profonds, marins littoraux et de type plateforme et énoncent que les calcaires à Nummulites se déposent sous forme de platier.

Khessibi (1978) étudie l'extrémité méridionale de l'axe NS, il dégage un contact sédimentaire entre le Trias et la couverture du Crétacé supérieur-Paléogène, montrant ainsi une mise en place du matériel salifère au cours de la sédimentation dans le chainon de Meknessi-Mezzouna, par contre ce contact est considéré comme tangentiel (Deltai et al., 1980; Treuillet et al., 1981).

Letouzey et Trémolières (1980) ont constaté la présence de trois phases tectoniques compressives majeures du Crétacé au Quaternaire contrairement à Richert (1971). Ainsi, une phase compressive qui se manifeste du Crétacé à l'Eocène inférieur, à axe de raccourcissement de direction N140-160°. Une deuxième phase compressive, de l'Oligocène supérieur au Burdigalien inférieur a une contrainte principale de direction N60-70°. Enfin, des mouvements compressifs de direction N120-160° se manifeste au Miocène supérieur. Ces derniers, sont à l'origine de la naissance de la phase atlasique décrites en Tunisie septentrionale par Rouvier (1977), et du Plio-Quaternaire qui se manifeste une phase post-Villafranchienne par Burollet et al. (1978).

Smaoui et al. (1981) rapportent des indices d'une déformation souple d'âge ante-Coniacien dans l'axe NS.

Haller (1983) a constaté un épaississement de l'Oligocène, dans le Sahel vers l'Ouest et s'amincit vers l'Est suite à des corrélations de forages pétroliers. Du point de vue structural, il met en évidence une période distensive d'âge yprésien et une autre compressive d'âge éocène moyen. Il constate la discordance des horizons sismiques de Souar sur l'Yprésien.

Ellouze (1984) étudie la subsidence de la Tunisie nord-orientale. Elle trace des courbes d'enfouissement qu'elle corrèle avec l'événement tectonique régional cité par ses prédécesseurs. Elle montre que la zone de la mer pélagienne est plus subsidente au cours du Paléogène-Néogène qu'en Tunisie atlasique.

Yaïch (1984) étudie la portion la plus orientale de l'axe NS (Djebel Chérahil) et raccorde ses observations de terrain avec la plaine orientale où il interprète des forages pétroliers et quelques profils sismiques. Il dégage une activité synsédimentaire de certaines failles EW et N140° et il a élaboré des cartes isopaques pour le Crétacé supérieur-Paléogène au niveau du Djebel Chérahil. Il établit des corrélations des séries entre le secteur du Djebel Chérahil et la plaine orientale adjacente. Il met aussi en évidence un contact frontal chevauchant séparant la retombée orientale du Djebel Chérahil de la plaine de Nasrallah. Cependant, les traitements de la sismique, limités à l'époque, lui interdisent d'établir des corrélations claires entre les deux domaines.

Turki (1985) étudie la géodynamique de la dorsale. Il met en évidence une tectonique synsédimentaire au cours du Crétacé supérieur-Paléogène matérialisée par des failles majeures de direction N140° à EW. Il apporte une analyse détaillée de l'accident de Zaghouan et montre qu'il est hérité de l'histoire de l'ouverture téthysienne. Cet accident constitue une limite naturelle entre la chaîne au sens stricte et son bassin d'avant pays orientale.

Touati (1985) étudie les bassins de subsurface de Sidi El Itayem en Tunisie orientale et établit des subdivisions sismo-séquentielles au sein des séries méso-cénozoïques.

Meddeb (1986) a montré que la configuration actuelle de la région d'Enfidha est le résultat d'une tectonique polyphasée depuis le Crétacé jusqu'au Plio-Quaternaire.

Bishop (1988) publie des cartes isopaques et de distribution des faciès de la formation Métlaoui en Tunisie centrale et orientale. Les deux cartes, isopaques et lithofaciès, montrent une étroite relation entre les accidents majeurs et les aires de sédimentation.

Bédir (1988) a mené une étude sismo-séquentielle et sismotectonique de la marge orientale de la Tunisie ce qui a lui permis de dégager un découpage sismostratigraphique avec des séquences d'ordre 2 et d'ordre 3. Il a montré un découpage des bassins de Sahel en grabens et les manifestations dans la couverture de migrations des blocs structuraux le long des structures en fleur en profondeur correspondantes à des failles décrochantes. Il met en évidence des ascensions diapiriques triasiques et des phénomènes d'argilocinèse miocènes.

Erraoui (1994) étudie les milieux de sédimentation et de la géochimie organique des séries de l'Eocène en Tunisie nord-orientale et précise les cortèges sédimentaires de la plateforme éocène. Ces dépôts sont sous le contrôle des mouvements eustatiques globaux et par la tectonique locale.

Bédir (1995) étudie la marge orientale de la Tunisie et les bassins de l'Atlas central. Il dégage des mouvements halocinétiques au cours du Crétacé supérieur-Paléogène donnant des biseaux et des réductions des séries et le rôle des failles EW et NS dans le compartimentage en blocs de la Tunisie orientale.

Chihi (1995) étudie la genèse des fossés d'effondrement de la Tunisie centrale et nord- orientale et propose un modèle géodynamique qui explique le fonctionnement tectonique des ces fossés en insistant sur le rôle structurale joué par les failles EW dans un contexte général coulissant.

Saadi (1997) a démontré la sédimentation syntectonique au Crétacé inférieur le long d'une zone de décrochement NS, l'existence d'un haut fond depuis l'Aptien dans la région d'Enfidha (Tunisie nord-orientale).

Rabhi (1999) précise la géologie et la stratigraphie avoisinante de l'axe NS. Sur le plan structural, l'auteur a mis en évidence un épisode compressif NW-SE à la fin de Maastrichtien moyen, il note aussi une phase compressive entre le Paléocène et l'Eocène, se traduisant au niveau de l'axe NS par des plis importants et des failles normales dans un contexte transpressif.

Khomsi et al. (2006) a montré que le front de chevauchement de la chaîne atlasique de Tunisie est localisé à une quarantaine de km plus à l'Est que l'accident jusqu'à présent admis comme front de cette chaîne. C'est un accident de direction NNE-SSW à NS allant de Chérichira au Sud jusqu'à Enfidha au Nord parcourant une longueur de plus de 100 km. C'est un trait structural et paléogéographique majeur de la Tunisie prenant naissance à l'aplomb des zones de faiblesse affectant cette partie du pays. Il commencerait à s'ébaucher à l'Eocène supérieur. Le front de chevauchement est aussi matérialisé par un écaillage, des plis-failles, des rétro-chevauchements et un niveau de décollement généralisé sur le Trias salifère.

Sebeï (2008) a montré que la partie ouest du golfe de Hammamet semble revêtir des structures en plis méso-cénozoïques en répercussion d'un amortissement à cet emplacement, en direction de l'Est, des derniers plis de style alpin et atlasique.

Chapitre II: Evolution tectonique de la Méditerranée

I. Introduction

La Méditerranée a subi une évolution géodynamique depuis le début du Crétacé supérieur, et s'est amplifiée et généralisée au Crétacé terminal-Eocène. Cette évolution est influencée par la convergence Nord-Sud à NW-SE entre l'Afrique et l'Eurasie, à la suite de l'ouverture de l'Atlantique nord.

I.1. Configuration de la Méditerranée

L'évolution géodynamique de la chaîne atlasique nord africaine a été guidée par une tectonique distensive à la fin du Paléozoïque et pendant le Mésozoïque. Elle est contrôlée par l'ouverture de la Téthys ensuite par la convergence entre la plaque africaine et la plaque européenne qui a débuté pendant le Crétacé supérieur. Ces mouvements se poursuivent jusqu'au Miocène inférieur où la plaque océanique en subduction s'enfonce complètement dans l'asthénosphère entraînant la collision de la Grande et de la Petite Kabylie avec la Plaque africaine.

I.1a. Convergence Afrique-Europe

La convergence de la plaque africaine et européenne change de direction et de vitesse d'Ouest en Est. Elle est NW-SE au Maroc et devient purement NS à la longitude du Caire (Argus et al., 1989). Alors que de l'Ouest vers l'Est, la vitesse de convergence évolue. Elle atteint 4 mm/an dans la partie nord de la marge marocaine, 5 mm/an à la longitude d'Alger, 6 mm/an au niveau de la marge tunisienne et 9 mm/an à la longitude du Caire (Argus et al., 1989). La variation de la direction et la vitesse est due à la rotation anti-horaire de la plaque africaine suite à la collision avec la plaque européenne (Gràcia et al., 2003). La mesure de la déformation à travers les structures situées dans la plaque Eurasie, montre une sismicité très importante. Les chaînes alpines (Bétiques, Pyrénées, Alpes, Apennins, Dinarides, chaînes du Maghreb) et les bassins de Méditerranée occidentale (bassin algéro-provençal, mer Ligure et Tyrrhénienne) constituent la zone de frontière de plaque accommodant la convergence entre les plaques Afrique et Eurasie en Europe. La distribution de la sismicité met en évidence l'existence de zones de déformation entourant des blocs quasi-asismiques, généralement interprétés comme rigides. La cinématique de ces blocs, ainsi que la vitesse de convergence entre les plaques Afrique et Eurasie restent pour une grande part à estimer.

La convergence Afrique/Europe est principalement absorbée dans les chaînes du Maghreb à l'Ouest de la Tunisie. Les données géodésiques confirment la rotation anti-horaire du bloc adriatique par rapport à l'Europe stable autour d'un pôle situé dans la plaine du Pô. Cette rotation implique une extension de 3-5 mm/an dans les Apennins et un raccourcissement de l'ordre de 4 mm/an dans les Dinarides. Les Alpes centrales sont en raccourcissement nord-sud à une vitesse de 2 mm/an. Le bassin pannonien présente un faible niveau de déformation mais les sites les plus méridionaux suggèrent une extension de l'ordre de 1-2 mm/an (Nocquet, 2002).

La convergence totale entre les deux plaques depuis 18 Ma est estimée entre 230 km (Biju-Duval et al., 1977) et 350 km (Dewey et Celîl-engör, 1979). Les chaînes maghrébides et atlasiques ont été mises en place le long de l'Afrique du Nord suite à la convergence. Actuellement, cette convergence se manifeste par un raccourcissement crustal actif de direction NNW-SSE (Anderson et Jackson, 1987; Pondrelli et al., 1995; Rebaï et al., 1992) (Fig.2.1).

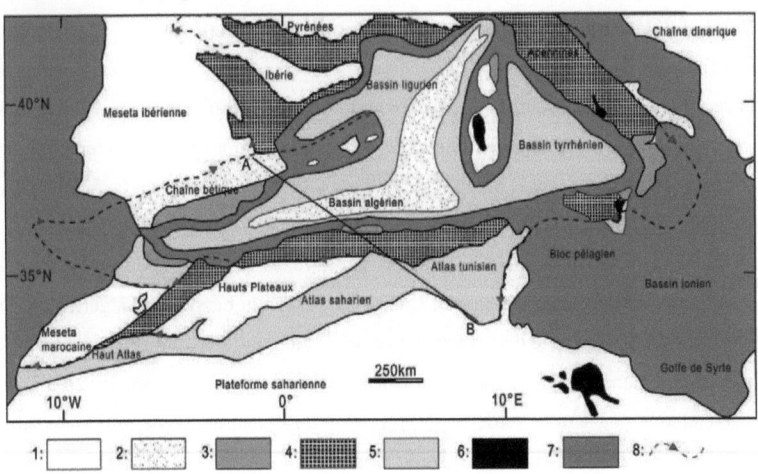

Fig.2.1. Les grandes chaînes orogéniques et les bassins marginaux de la Méditerranée occidentale (Frizon de Lamotte et al., 2000; in Doglioni et al., 1997, modifiée). La coupe AB est présentée dans la (Fig.2.2). 1:Plateforme continentale, 2:Blocs intracontinentales, 3:Massifs cristallins, 4:Chaîne alpine, 5:Dépôts néogènes, 6:Volcanisme cénozoïque, 7:Mer, 8:Failles.

Dans le Haut-Atlas marocain, le début de la convergence Afrique-Eurasie a été daté au Crétacé inférieur (Mattauer et al., 1977) voir au Lias supérieur (Fraissinet, 1989; Laville, 1985). Ce raccourcissement s'accroit vers le Crétacé terminal (Fraissinet, 1989) pour former une chaîne plissée (Mattauer et al., 1977). Ces datations montrent une évolution unique constituée de deux événements compressifs majeurs post-Lutétien et Villafranchien appelés la «phase atlasique» et la «phase alpine» et un événement de faible importance d'âge pliocène qui s'intercale entre les deux (Fig.2.1).

En Tunisie, les travaux de Delteil (1982), Aissaoui (1984), Ouali (1984), Yaïch (1984) et Zouari (1995) ont montré l'existence de deux périodes majeures de plissement: la première d'âge serravalien-tortonien et la deuxième d'âge villafranchien. Les directions de raccourcissement sont globalement de NW-SE à NS qui correspondent bien à la direction de la collision des plaques africaine et eurasiatique. Plusieurs âges ont été attribués aux événements de compression majeure en Afrique du Nord. Ces âges ont toujours été sujet de discussion et restent incohérent d'une région à l'autre de la chaîne atlasique. Cette discorde est due à la difficulté de datation des séries néogènes à faciès continental et l'absence complète de couverture tertiaire au niveau de la plus grande partie de l'Atlas saharien algérien.

I.1b. Structures lithosphériques en Méditerranée occidentale

La lithosphère et la croûte de la Méditerranée occidentale, se caractérisent par une grande variation d'épaisseur. La lithosphère est amincie à moins de 60 km au niveau des bassins (50-60 km au niveau de la fosse de Valence, 40 km à l'Est de la mer d'Alboran et 20 à 25 km au niveau de la mer Tyrrhénienne), alors qu'elle est épaisse de 65 à 80 km en-dessous du bloc Corso-Sarde et du promontoire Baléarique. Des études sismiques et gravimétriques montrent qu'elle est épaisse de 4,5 à 15 km dans les bassins (fosse de Valence, mer d'Alboran, mer Ligure). Dans la partie est du bassin nord algérien, au Sud de la Sardaigne une croûte de 5,8 km d'épaisseur qui s'amincit vers l'Est a été mise en évidence (Catalano et al., 2000). Cependant, l'épaisseur de la croûte est de 20 à 30 km au niveau du bloc Corso-Sarde et du promontoire Baléarique. En se basant sur la sismique réfraction du bassin tyrrhénien central, Recq et al. (1984) montrent que le Moho passe rapidement de 27 km à 11 km de profondeur contestées par plusieurs auteurs (Piqué et al., 2002) qui se rejoignent pour considérer que les périodes de déformation majeures sont d'âge Miocène et Quaternaire. En Algérie, les travaux de Aissaoui (1984) et Addoum (1995) sur l'Atlas saharien, confirmant les travaux de Wildi (1983) dans le domaine tellien, plaident en faveur d'une variation latérale d'épaisseur et de composition liées au phénomène d'extension (rifting puis éventuellement océanisation). Cette extension affecte la Méditerranée occidentale et commence vers la fin de l'Oligocène-début du Miocène dans les parties les plus occidentales (Alboran, Valence, Bassin provençal). En allant vers l'Est, on rencontre des rifts plus jeunes (Est des bassins provençal et algérien). Actuellement, l'extension est-ouest est active au niveau de la mer Tyrrhénienne (Fig.2.2).

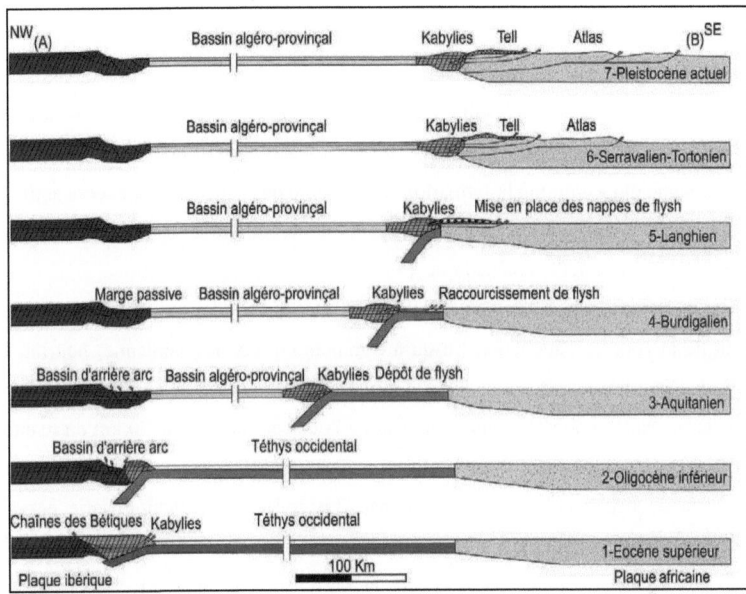

Fig.2.2. Coupe AB de l'évolution géodynamiques des marges ibérique et nord africaine depuis l'Eocène à l'Actuel (cf localisation de la coupe AB en Fig.1). Ces coupes montrent le détachement d'un bloc « Kabylies », sa dérive vers le SE, puis sa collision avec l'Afrique du Nord entrainant la mise en place des chaînes maghrébides et atlasiques (Frizon de Lamotte, 2000).

I.1c. Subduction active au niveau des Apennins et de l'arc de la Calabre

L'Italie, bordée au Nord par les Alpes est située au cœur de la zone de collision actuelle entre l'Afrique et l'Europe. Jusqu'à présent, aucun modèle satisfaisant ne permet d'intégrer les déformations qui affectent actuellement l'Italie dans le cadre de la tectonique des plaques. Une partie du problème vient de la complexité de la déformation et de la sismicité qui inclut des failles inverses mal connues et des failles normales méridiennes. Ce qui suggère de forts gradients de déformations et des rotations. Plusieurs auteurs considèrent le domaine Adriatique comme une microplaque

31

indépendante (Morelli, 1984; Dercourt et al., 1986; Lowrie, 1986; Anderson et Jackson, 1987; Cello, 1987; Westaway, 1990) et la lithosphère océanique ionienne qui la sépare de la plaque africaine (Finetti, 1982). Cette microplaque est en mouvement de rotation antihoraire autour d'un pôle situé au Nord des Apennins (Fig.2.1). Cette rotation entraîne une extension de direction moyenne N45°E en Apennin central et sud et un raccourcissement dans les Dinarides. Elle implique également une diminution de l'extension vers le Nord. Cette rotation entraîne du décrochement presque pur dans les Alpes et au front des Apennins, en désaccord avec les observations sismologiques et tectoniques. Des modèles déduits de l'extrapolation actuelle de reconstitutions géodynamiques néogènes, suggèrent que le processus d'ouverture de la mer Tyrrhénienne qui a entrainé la formation de la chaîne des Apennins est encore actif. Des modélisations analogiques (Fig.2.3) ont permis de reproduire au laboratoire l'évolution géométrique d'une telle cinématique (Faccenna et al., 2001; Martinod et al., 2005; Mattoussi et al., 2009). Elles montrent en particulier que l'augmentation de la vitesse de retrait de la zone de subduction (jusqu'à 6 mm/an en mer Tyrrhénienne) pourrait être liée à deux principaux facteurs: (1) la diminution de la vitesse de convergence absolue et (2) le blocage du bout du Slab au niveau de la discontinuité des 670 km du manteau. Ces deux facteurs semblent avoir contrôlé majoritairement le changement de régime en Méditerranée occidentale autour de 30 Ma. Le style de subduction varie entre les Apennins centraux et nord et l'arc Calabro-Péloritain.

La chaîne des Apennins serait encore aujourd'hui soumise à un raccourcissement actif sur la façade adriatique, avec la formation de failles normales sur son flanc tyrrhénien résultant d'un processus d'extension d'arrière-arc. Dans cette hypothèse, les failles normales qui affectent la chaîne des Apennins et qui produisent l'ensemble des séismes qui affectent les parties centrale et sud de cette chaîne, résulteraient d'un processus d'extension local lié surtout à la présence du panneau de lithosphère subducté sous les Apennins. L'absence de séismes en failles inverses en Apennin central et sud, la prédominance des failles normales actives sur le terrain et les mécanismes au foyer en extension des séismes qui se localisent le long de la partie axiale de cette chaîne, suggèrent que l'extension est le phénomène principal depuis au moins 500 000 ans. Dans la mer pélagienne, l'extension est connue également par l'ouverture de grabens NW-SE depuis le Miocène entre la Tunisie et la Sicile et au Nord du golfe de Syrte.

Cette extension est synchrone de la compression qui a marqué l'Atlas tunisien pendant le Miocène et qui continue à s'y exercer.

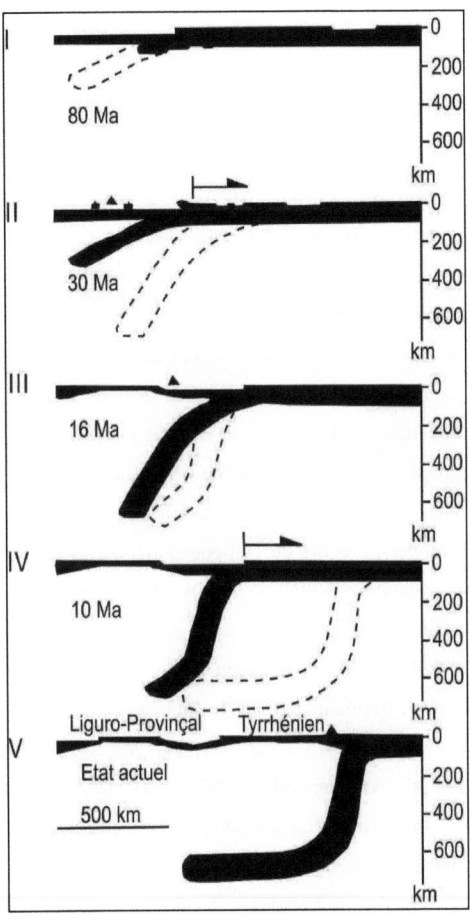

Fig.2.3. Modélisation analogique du retrait de la zone de subduction ("Roll-back") confrontée aux reconstitutions de 5 étapes de l'évolution de la subduction et de l'extension arrière-arc en Méditerranée occidentale (Faccenna et al., 2001).

II. Evolution géodynamique de la Méditerranée occidentale au cours du Cénozoïque

Les différents éléments structuraux de la chaîne atlasique nord africaine résultent d'une évolution géodynamique qui a commencé par une tectonique distensive, à la fin du Paléozoïque et pendant le Mésozoïque par l'ouverture de la Téthys. Cette ouverture se fait selon un régime tectonique transtensif sénestre (Dercourt et al., 1986; Soyer et Tricart, 1987; Piqué et al., 1998; Laville et al., 2004). Elle se manifeste par une inversion tectonique des chevauchements hercyniens. L'évolution géodynamique est ensuite contrôlée par la convergence entre la plaque africaine et la plaque européenne qui a débuté pendant le Crétacé supérieur (Le Pichon et al., 1988; Dewey et al., 1989; Roest et Srivastava, 1991; Stampfli et al., 1991; Olivet, 1996; Mauffret et al., 2004). Le système a évolué ensuite avec le chevauchement de la plaque Eurasie sur la plaque Ibérie responsable de la formation des Pyrénées (Roure et al., 1989 ; Choukroune et al., 1990; Roest et Srivastava, 1991) et avec le chevauchement de l'Apulie sur la plaque Eurasie responsable de la formation des Alpes (Nicolas et al., 1990). D'après Vergés et al. (1995) et Meigs et al. (1996), la phase principale de l'orogenèse pyrénéenne a eu lieu entre l'Eocène inférieur et l'Oligocène supérieur (entre 55 et 25 Ma).

Dans les Alpes, l'orogénèse se développe du Crétacé jusqu'au Miocène. Cependant la Téthys Ligure est déjà fermée au début de l'Eocène (Nicolas et al., 1990). La déformation des zones internes de la chaîne atlasique semble débuter à l'Eocène supérieur et se développer au cours de l'Oligocène (Fig.2.3). En effet, vers la fin de l'Eocène, un plan de subduction incliné vers le WNW s'est probablement mis en place sur la marge sud européenne (Frizon de Lamotte et al., 2000; Meulenkamp et Sissingh, 2003). A la fin de l'Oligocène, un nouveau bassin d'arrière arc orienté NNE-SSW commence à s'ouvrir en entraînant avec lui des îlots détachés de la Plaque européenne (Fig.2.4) (Cherchi et Montadert, 1982; Burrus, 1984; Casula et al., 2001) connus sous le nom de bloc AlKaPeCa (Alboran-Kabylie-Peloritan-Calabre; Bouillin et al., 1986). Différents arguments, dont l'étude du socle submergé dans le canal de Sardaigne entre la Sardaigne et la Tunisie (Mascle et Tricart, 2001; Mascle et al., 2001) renforcent l'idée que l'AlKaPeCa était attaché avec la Sardaigne à la marge européenne de la Téthys. Le bassin néoformé constitue le bassin Algéro-Provençal. Il continue son ouverture par dérive du bloc corso-sarde vers l'Est et des Kabylies vers le Sud-Est. Des flyschs se sont déposés au-dessus des séquences sédimentaires recouvrant la croûte océanique téthysienne (Fig.2.2) ce qui a probablement formé des prismes d'accrétion le long de la bordure sud de la plaque européenne (Johansson et al., 1998; Stromberg et Bluck, 1998) pendant l'Oligocène-Miocène inférieur (Aquitanien–Burdigalien). Au Langhien

34

(Miocène inférieur), la plaque océanique en subduction s'enfonce complètement dans l'asthénosphère entraînant la collision de la Grande et de la Petite Kabylie avec la Plaque Africaine (Carminati et al., 1998; Devoti et al., 2001; Mascle et al., 2001; Tricart et al., 1994). Au Nord de la marge tunisienne, la collision a eu lieu entre le bloc de la Sardaigne et le bloc de la Galite (Tricart et al., 1994; Catalano et al., 2000). Tout au long de la côte nord africaine, des phénomènes magmatiques calco-alcalins ont été enregistrés. Ils sont particulièrement développés en Petite Kabylie où des massifs de granitoïdes se sont mis en place à partir de 16 Ma, mais aussi au niveau de la Grande Kabylie par la mise en place de basaltes et de granodiorites (Aïte et Gélard, 1997). Ce magmatisme calco-alcalin ne peut pas être mis en relation d'une façon simple avec une subduction active et il est envisagé qu'il résulte plutôt d'un phénomène de détachement de Slab (Maury et al., 2000). Différents auteurs envisagent alors un retrait de la subduction vers l'Est (Doglioni et al., 1997), accompagné de la formation de l'arc calabro-péloritain et de l'ouverture de la mer Tyrrhénienne, ou un retrait à la fois vers l'Est et vers l'Ouest, pour rendre compte des déplacements vers l'Ouest observés dans l'arc de Gibraltar (Frizon de Lamotte et al., 2000). Des études tomographiques confirment cette dernière hypothèse en montrant l'absence de Slab au Nord de l'Algérie et sa présence probable de part et d'autre (Fig.2.2), ce qui suggère que la plaque plongeante s'est détachée et que le plan de subduction s'est découpé en deux parties: l'une s'est retirée vers l'Est entrainant l'ouverture de la mer Tyrrhénienne et l'autre a migré vers l'Ouest provoquant l'ouverture de la mer d'Alboran. Des chevauchements se poursuivent cependant dans la partie sud des zones externes de l'orogène au Serravallien et au Tortonien (Vila, 1980; Thomas, 1985) et atteignent alors le domaine des chaînes atlasiques, ce qui implique une poursuite de la convergence entre le bloc interne et la marge africaine. Les zones internes de l'orogène restent en régime compressif, marqué par des plis à grand rayon de courbure (Aïte et Gélard, 1997). Le Pliocène paraît avoir enregistré une compression NS dans le bassin du Chéliff au Nord algérien (Meghraoui et al., 1986). Au Quaternaire inférieur, la poursuite de la convergence entre l'Europe et l'Afrique se localise principalement dans l'Atlas tellien (Meghraoui et al., 1986). La sismicité actuelle se concentre le long d'une bande EW traversant la mer d'Alboran et l'avant-pays des Maghrébides. Des chevauchements et des plis en rampes quaternaires se localisent le long de cette bande (Meghraoui et al., 1986; Meghraoui et Doumaz, 1996; Boudiaf et al., 1999).

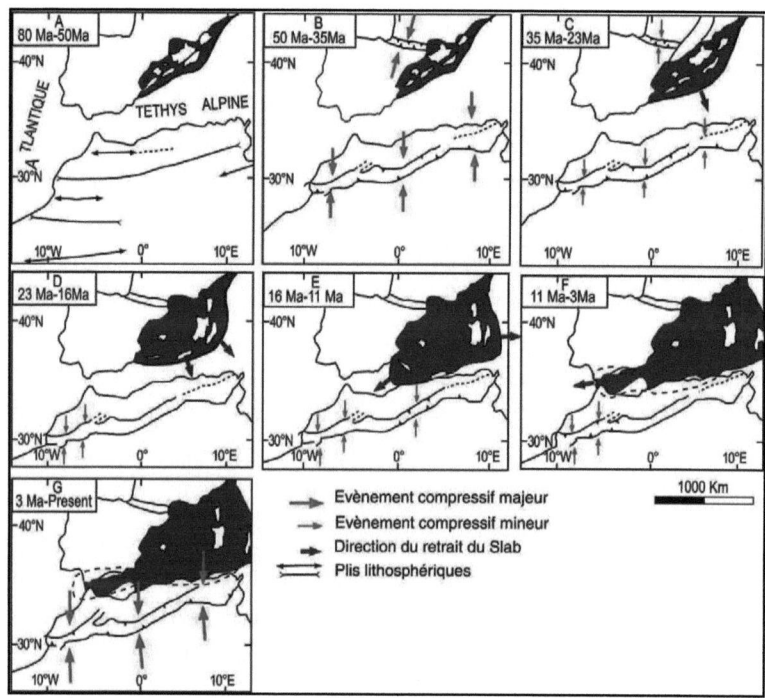

Fig.2. 4. Evolution géodynamique de la Méditerranée occidentale au cours des derniers 80 Ma (Frizon de Lamotte et al., 2000).

II.1. Tectonique récente de la Méditerranée

Dans les régions Maghrébides, les déformations récentes et les zones tectoniques, sont irrégulièrement distribuées. Elles sont concentrées essentiellement sur les chaînes orogéniques Maghrébides (Atlas et Tell). L'intensité de cette déformation récente décroît considérablement en direction de l'Est. Cette déformation récente ne suit pas toujours le style structural du socle (Skobelev et al., 1988; Trifonov, 2004). La déformation récente se caractérise par plusieurs types de structures dans les régions maghrébides. Ainsi des failles anciennes réactivées au Quaternaire présentent le plus souvent cette déformation récente. Ces failles sont inverses suivies par des plissements de la couverture sédimentaire mésozoïque et cénozoïque. Elles plongent vers le Nord ou le NW et se développent le long des flancs de jeunes anticlinaux au Pléistocène supérieur-Holocène. L'aspect structural des failles actives et des jeunes anticlinaux indique une compression subhorizontale de direction NW-SE. Le taux de soulèvement de ces jeunes anticlinaux dépasse la vitesse de déplacement des failles associées qui varie entre 0,2 et 0,9 mm/an (Domzig et al., 2006).

II.2. Cinématique de la Méditerranée

Les conditions cinématiques de l'Afrique du Nord sont déterminés, à partir de la convergence de la plaque Africaine vers la plaque Eurasie et la collision des fragments de l'Eurasie. Le champ de déformation régional montre une direction de compression horizontale maximale NS à NW-SE (Torelli et al., 1995 ; Nocquet et Calais, 2003, 2004; D'Agostino et al., 2008). Plusieurs travaux ont étudié les mouvements relatifs aux limites des plaques Afrique et Eurasie. Ils se sont focalisés sur les quantifications géodésiques des mouvements relatifs de l'Afrique par rapport à l'Eurasie (en choisissant l'Eurasie comme repère). Hollenstein et al. (2003) et Nocquet et Calais (2003, 2004) ont étudié par GPS le mouvement des plaques entre la Tunisie et l'Italie par rapport à l'Europe fixe (Fig.2.5).

La majorité des stations indique des déplacements vers le Nord et vers l'Est. Les stations proches de la Tunisie et qui l'encadrent au Nord et à l'Est livrent des résultats qui sont présentés dans le Tableau2.1 :

Localité	Longitude (°E)	Latitude (°N)	VN (mm/an)	VE (mm/an)
LAMP	12.606	35.500	2.5 ± 0.8	-3.5 ± 0.8
TRAP	12.582	38.004	3.5 ± 0.5	-3.5 ± 0.6
CAGL	8.973	39.136	-0.1 ± 0.1	-0.9 ± 0.1
PANT	11.945	36.832	2.4 ± 0.5	-2.0 ± 0.5

Tableau2.1. Vitesses de déplacement mesurées par GPS dans quatre localités de la Méditerranée (Nocquet et Calais, 2003). VN : vitesse vers le Nord, VE : vitesse vers l'Est.

L'étude et l'analyse des mesures (Tableau2.1) associées à d'autres travaux ont permis de déterminer la vitesse de déplacement des localités mesurées par rapport à l'Europe fixe (Hollenstein et al., 2003; Nocquet et Calais, 2003). La station installée sur l'île de Lampedusa, à ~125 km de la côte orientale tunisienne, montre que cette localité se déplace vers le NW (~305°N) avec une vitesse de ~4,3 mm/an. La localité de Trapani (NW de la Sicile) qui se trouve à 160 km au NE de la Tunisie se déplace vers le NW (~315°N) avec une vitesse de ~4,95 mm/an. Une station GPS installé à Cagliari au Sud de la Sardaigne, à 200 km au Nord de la Tunisie indique que l'île de Sardaigne se déplace avec une vitesse de ~0,9 mm/an vers le WSW (~264°N). Au niveau de l'île de Pantelleria qui se trouve à 70 km au NE de la Tunisie le GPS continu montre que cette île se déplace vers le NW (~320°) avec une vitesse de ~3,12 mm/an. D'autres études récentes ont été réalisées au niveau de la Méditerranée occidentale et centrale en utilisant le GPS continu pour estimer les mouvements relatifs des plaques (Hollenstein et al., 2003). Ces résultats indiquent une convergence de direction N45° ± 20° à la

longitude de la Sicile, qui s'approche progressivement vers une convergence EW au niveau du Détroit du Gibraltar (Fig.2.5). Les évaluations du taux de convergence sont entre 3 à 7 mm/an à la longitude de la Sicile. Vers l'Ouest à la longitude du Détroit de Gibraltar le taux de convergence décroit et est estimé de 2 à 5 mm/an.

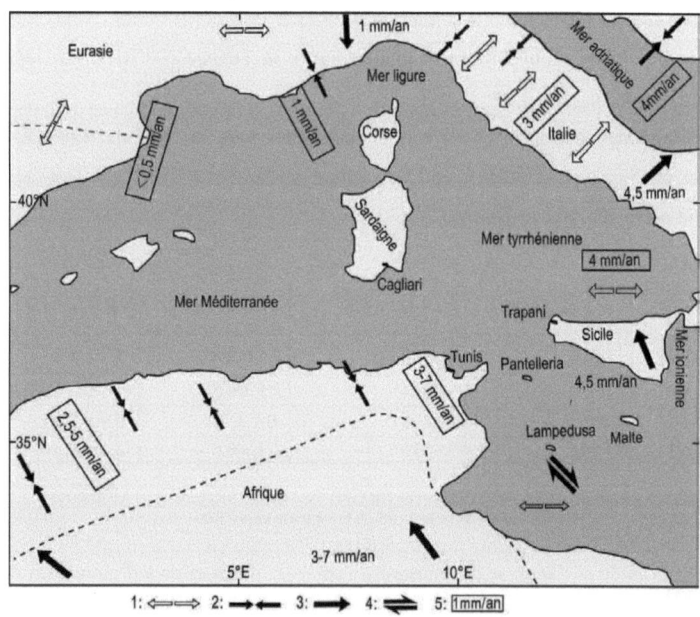

Fig.2.5. Carte de la cinématique des plaques Afrique et Eurasie (Nocquet et Calais, 2004). 1: Extension, 2: compression, 3: 1 mm/an, vitesse géodétique, 4: coulissement, 5: vitesse de déformation des structures.

III. Conclusion

La Méditerranée occidentale est caractérisée par une grande variation d'épaisseur de la lithosphère et de la croûte. Ces variations latérales d'épaisseur et de composition sont liées au phénomène d'extension (rifting puis éventuellement océanisation) qui affecte la Méditerranée occidentale et qui commence vers la fin de l'Oligocène-début du Miocène dans les parties les plus occidentales (Alboran, Valence, Bassin provençal). En allant vers l'Est, on rencontre des rifts plus jeunes (Est des bassins provençal et algérien). Actuellement, l'extension EW est active au niveau de la mer Tyrrhénienne. De la croûte océanique a été générée dans les bassins suivants : provençal (20-15 Ma), algérien (17-10 Ma), Vavilov et Marsili (7-0 Ma).

Chapitre III: Principaux épisodes tectoniques en Tunisie

I. Introduction

La Tunisie était le siège des déformations anciennes et récentes. Ces déformations sont contrôlées par le mouvement de convergence de l'Eurasie et l'Afrique. Les déformations anciennes ont commencé au Trias et se poursuivent pendant le Mésozoïque et le Cénozoïque (Ben Ayed et al., 1978; Zargouni et Ruhland, 1981; Chihi, 1984). Les déformations récentes d'âge quaternaire ont été signalées par de nombreux auteurs (Vaufrey, 1932; Laftine et Dupont, 1948; Castany, 1951). Ils ont mentionné l'importance de la tectonique compressive quaternaire qu'ils considéraient comme responsable d'une orogenèse d'âge post-villafranchien. Les travaux ultérieurs confirment l'existence de déformations dans le Quaternaire ancien et récent (Kamoun, 1981; Chihi, 1984; Dlala, 1984; Ben Ayed, 1986; Philip et al., 1986).

I.1. Tectonique des périodes ante-Tertiaires

I.1a. Tectonique ante-triasique

On ne peut parler de la tectonique du Précambrien et du Paléozoïque à l'échelle de la Tunisie. Le seul affleurement des séries correspondantes se localise dans le Sud tunisien (le Permien du Djebel Tebbaga à Mednine). Celui-ci est traversé aussi par les forages pétroliers en subsurface.

I.1b. Tectonique distensive du Trias

Une tectonique a été mise en évidence par plusieurs auteurs dans le Sud tunisien (Ben Ayed et Khessibi, 1983). En effet, les calcaires dolomitiques du Permien sont redressés à la verticale et affectés par de nombreuses failles normales de direction N120-145° qui montrent des jeux en décrochements sénestres (Ben Ayed, 1986). Au cours de cette période distensive sub-méridienne des manifestations tectoniques ont engendré des demi-grabens de direction NW-SE. Ainsi, le même régime tectonique est envisagé en Tunisie nord-orientale (Laridhi Ouazaa, 1994).

I.1c. Tectonique du Jurassique

Les affleurements Jurassiques en Tunisie sont connus dans la dorsale (région de Zaghouan), l'axe NS et dans le Sud tunisien. Dans le reste de la Tunisie, le

Jurassique n'est connu localement que dans les forages pétroliers. Des émissions volcaniques ont été signalées dans les séries jurassiques en Tunisie nord-orientale. Elles sont caractérisées par une tectonique distensive NS (Ellouze, 1984; Ben Ayed, 1986; Laridhi Ouazaa, 1994; Chihi, 1995; Zouari1, 1995).

I.1d. Tectonique du Crétacé

Le régime tectonique qui règne en Tunisie au Crétacé supérieur est extensif de direction NW-SE. Des failles synsédimentaires de direction NW-SE, au sein des séries du Crétacé supérieur se développent. Cette tectonique extensive est accompagnée par des émissions évaporitiques et volcaniques du même âge qui se manifeste par l'emplacement des grabens (Ellouze, 1984). Cette distension est prouvée par plusieurs auteurs (Castany, 1947, 1948, 1949, 1951; Abdeljaouad, 1983; Zouari, 1984, 1995; Turki, 1985; Ben Ayed, 1986, Chihi, 1995). Au Crétacé inférieur, des phases distensives de direction moyenne NE-SW ont eu lieu. La Tunisie a été envahie par des dépôts deltaïques (M'Rabet, 1981). Il s'agit d'une période de stabilité au Néocomien. L'époque albo-aptienne est caractérisée par le développement d'une aire de sédimentation faible où s'individualisent des hauts-fonds et des paléoreliefs en Tunisie centrale. Des bassins d'effondrements de direction proche d'EW se développent (Ben Ayed, 1986). Dans le domaine du Sillon tunisien et les zones de diapirs, des diapirs percent des séries d'âge albien et aptien (Rouvier, 1977; Ghanmi, 1980; Laatar, 1980). Dans la région de Sahel des alignements de haut-fonds orientés EW sont affectés par des failles normales contemporaines de la sédimentation des dépôts aptiens (Touati, 1985). Des failles de direction N140-160° délimitent des grabens et des demi-grabens. Les émissions volcaniques sont réparties dans la plateforme carbonatée du Sahel selon une direction préférentielle NW-SE. Des failles inverses de direction NE-SW contemporaines de la sédimentation ont été mises en évidence dans le golfe de Gabès. Les déformations distensives du Barrémien et de l'Aptien inférieur ont donné naissance à des horsts et des grabens de direction NW-SE (Ben Ayed, 1975). Pendant l'Aptien moyen-supérieur la sédimentation n'est pas associée à une distension, mais à une compression qui a engendré des plissements synsédimentaires (Ouali, 1984). Un régime compressif de direction NW-SE se développe orthogonalement au régime distensif du Crétacé inférieur (Castany, 1951; M'Rabet, 1981; Ben Ayed, 1986).

II. Tectonique Tertiaire

Au cours du Tertiaire, des mouvements tectoniques compressifs et distensifs ont contrôlé la Tunisie (Hadj Sassi, 2002). La direction moyenne des phases compressives est NW-SE à subméridienne, alors que les phases distensives sont orientées NE-SW.

II.1. Tectonique du Paléocène-Eocène inférieur

Pendant cette période, s'effectue le dépôt des formations El Haria (Paléocène-Eocène inférieur (Yprésien)) et Souar (Lutétien inferieur). Cette époque est marquée par un régime compressif de direction NW-SE (Ben Ayed, 1986; Chihi, 1995) qui se traduit par des plis et des failles inverses. Il est responsable de l'ébauche et la formation de nombreux paléo-anticlinaux et paléo-synclinaux de direction NE-SW à NNE-SSW (Ben Ayed, 1986). L'émersion de certains reliefs a permis le développement des séries continentales éocènes comme Djebel Kebar, Chemsi et Chaambi en Tunisie centrale. Il semble avoir guidé la sédimentation au cours de cet intervalle. Cette phase a causé une discordance intra-El Haria et continue à jouer jusqu'à l'Eocène inférieur. Au centre du golfe de Hammamet des faciès nummulitiques sont bien développés, ce qui suggère une zone relativement haute et probablement contrôlée par la tectonique.

II.2. Tectonique de l'Oligocène

En Tunisie nord-orientale, des failles normales synsédimentaires permettent d'édifier des structures en horsts et grabens de direction moyenne NE-SW à ENE-WSW (Ben Ayed, 1986). Cette extension est responsable des soubassements des grabens syn-oligocène. Pendant cette période un régime tectonique distensif a eu lieu avec un axe d'allongement proche de N30° (Zouari, 1995). Deux phases tectoniques majeures se sont développées, elles ont généré deux discordances régionales provoquant l'érosion complète ou partielle des séries paléogènes et crétacées tout le long du golfe de Hammamet et au niveau du paléo-haut NE-SW à NS.

II.3. Tectonique du Miocène

II.3a. Tectonique du Langhien-Serravalien

Cet intervalle de temps est considéré comme un épisode tectonique distensif (Ben Ayed, 1986; Chihi, 1995). Dans les formations Béglia et Saouaf d'âge serravalien-tortonien se manifeste une tectonique distensive corroborée par des failles normales synsédimentaires (Fig.3.1).

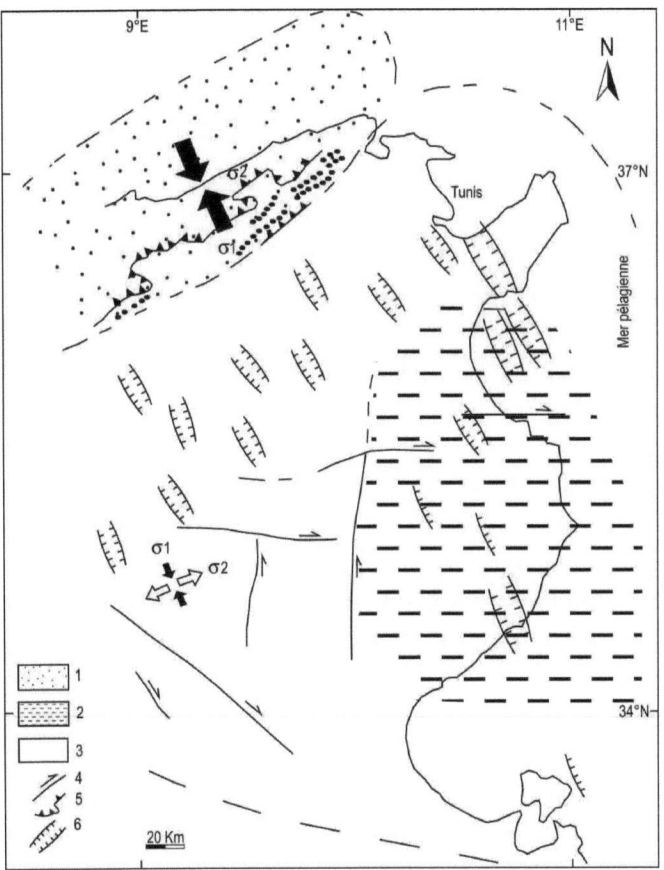

Fig.3.1. Zonation tectonique du Langhien-Serravalien (Ben Ayed, 1986). 1: zone de déformation compressive, 2: zone de subsidence, 3: zone de déformation décrochante distensive, 4: décrochement dextre, 5: front de nappe de charriage, 6: graben.

II.3b. Tectonique compressive du Tortonien

Au Tortonien, la Tunisie est soumise à une phase compressive dont la direction de raccourcissement est NW-SE (Burrolet, 1956; Richert, 1971; Zargouni et al., 1979; Yaïch, 1984; Laridhi Ouazaa, 1994; Zouari, 1995). Les indices d'instabilités liés à cette phase ont été signalés dans plusieurs régions de la Tunisie. Au niveau de l'axe NS cet indice est dû à la discordance des séries conglomératiques et continentales de la formation Ségui (Messinien-Pliocène) sur les dépôts plissés des séries d'âge mésozoïque et cénozoïque. Au Miocène supérieur, trois compressions dont l'axe de raccourcissement est orienté N20-30°, N170° et NS, ont été distinguées en Tunisie (Chihi, 1995; Bouaziz al., 2002) et dans le NE de l'Algérie (Aris et al., 1998). Les deux premiers régimes sont liés à la mise en place des flyschs Numidiens d'après ces auteurs. Alors que la troisième compression qui vient après, ayant un axe de raccourcissement NS, affecte les structures effondrées ainsi que leurs substratums.

La formation de la chaîne atlasique s'est développée durant cette période tectonique (Ben Ayed, 1986; Chihi, 1995). Ces auteurs qualifient cette phase par la manifestation des plissements majeurs et des déformations plicatives tortoniennes en Tunisie nord-orientale. Cette phase compressive de direction NW-SE affecte la Tunisie en créant des failles inverses, des chevauchements et des anticlinaux d'axe NE-SW hérités des structurations précoces. Au cours du Tortonien supérieur une phase de distension a contrôlé l'extrême nord et le Nord-Est de la Tunisie qui a donné des structures en horsts, grabens et des blocs affaissés. Les structures sont limitées par des failles NW-SE et contrôlées par des décrochements distensifs.

II.3c. Tectonique du Messinien

Au cours du Messinien l'extrême nord a été soumis à une compression de direction NW-SE qui a donné des plis d'axes NE-SW (Rouvier, 1977). A cette époque, les structures plissées de la zone des nappes se sont superposées pour former des monoclinaux chevauchants et des écailles. Des fossés de direction NW-SE ont eu lieu pendant cette période en Tunisie nord-orientale (Fig.3.2).

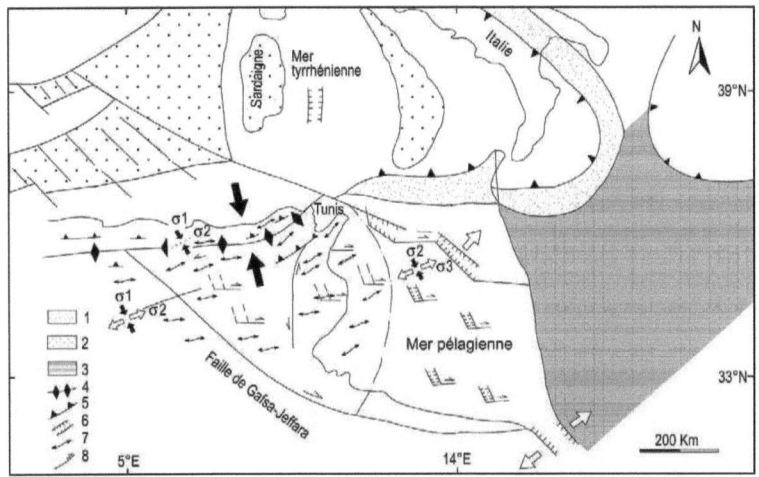

Fig.3.2. Synchronisme entre le blocage de la subduction au Nord de la Tunisie et la subduction continentale en Sicile au Miocène supérieur. Répartition des différents types de déformations (Chihi, 1995). 1: prisme d'accrétion, 1: bassin marginale, 3: croûte océanique ou continentale amincie d'âge mésozoïque, 4: blocage de subduction, 5: subduction, 6: grabens, 7: axe de plis, 8 : décrochement.

II.4. Tectonique du Pliocène

Un régime tectonique distensif synsédimentaire réactive des failles héritées en failles normales. Les dépôts d'âge pliocène inférieur sont absents et seules les séries calcaires du Pliocène supérieur affleurent et témoignent d'une transgression générale. Celle-ci couvre uniformément l'espace disponible, déjà créé par l'activité tectonique fini-messinienne accompagnée par l'érosion différentielle (Frigui, 2003). L'intervalle Miocène terminal et Pliocène montre une divergence dans les régimes tectoniques prédominants dans le Sahel. Ainsi, certains auteurs considèrent la succession d'alternance des phases compressives et distensives (Ben Ayed et Viguier, 1981) alors que d'autres ne considèrent qu'une seule phase compressive qui évolue dans certaines localités en un régime décrochant compressif, tout en expliquant l'existence de certaines structures distensives par le phénomène de perturbation ou permutation du champ de contrainte (Dlala, 1995; Chihi et Philip, 1999) (Fig.3.3).

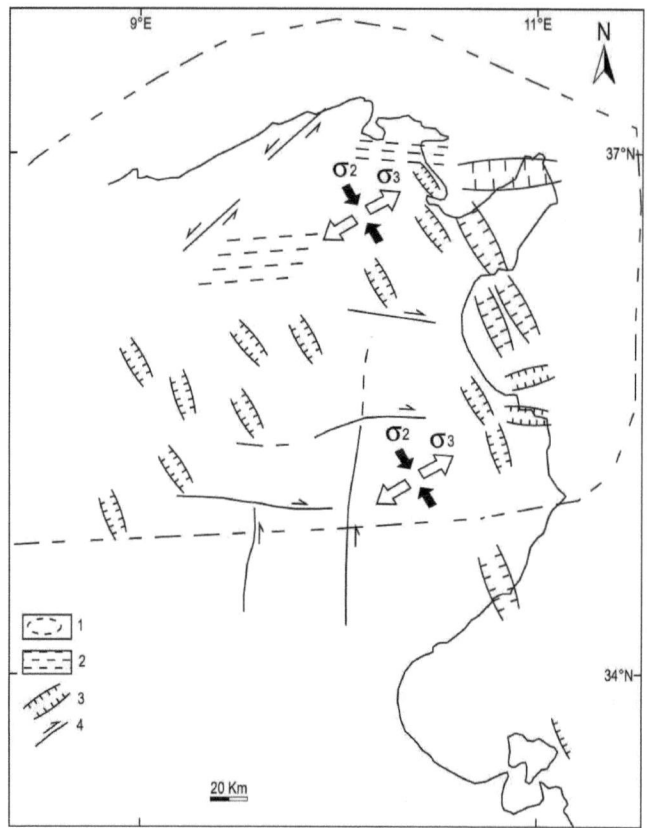

Fig.3.3. Zonation tectonique au Pliocène supérieur (Ben Ayed, 1986). 1: zone de déformation décrochante distensive, 2: zone de subsidence, 3: graben, 4: décrochement.

II.5. Tectonique du Quaternaire

La Tunisie entre en collision pendant le Quaternaire suite à la migration progressive de la fermeture océanique vers l'Est et gagne la Sicile (Philip, 1987; Chihi, 1995). Cette période est caractérisée par une phase compressive importante. Le régime compressif se poursuit avec une légère variation de la direction de la contrainte compressive vers le Nord (Ben Ayed, 1986; Chihi, 1995). Elle affecte les dépôts de la formation Ségui avec un axe de raccourcissement de direction N150° (Zouari, 1995). La persistance de la compression est mise en évidence par l'existence de

46

déformations affectant les dépôts tyrrhéniens et les alluvions récentes (Ben Ayed, 1980; Dlala, 1992; Dlala, 1995; Kacem, 2004). De nombreux indices de déformation récente ont été mis en évidence à l'échelle de tout le pays. On peut citer par exemple, les dépôts qui sont plissés et tronqués le long des accidents actifs dans le SW de la Tunisie (Vaufrey, 1932; Zargouni et Ruhland, 1981; Dlala, 1992; Dlala et Hfaiedh, 1993; Dlala, 1995), dans la Tunisie centrale et dans le bassin du Sahel. La déformation d'âge pléistocène supérieur a été décrite (Ben Ayed et al., 1978; Kammoun, 1981; Dlala et Ben Ayed, 1988). De même, en Tunisie septentrionale, les dépôts marins qui affleurent dans les régions côtières d'âge Tyrrhénien, sont souvent intensément déformées (Dlala, 1992). Ces indices de déformations récentes se manifestent en surface par des ruptures dans les formations les plus récentes, souvent au niveau des failles préexistantes par réactivation. Le développement des structures plissées et/ou torsion de couches, affecte les niveaux géologiques superficiels, en rapport avec les mouvements de failles dans la couverture sédimentaire ou dans le socle. Les bassins quaternaires montrent parfois des affaissements ou des escarpements le long des bordures des fossés préexistants et des soulèvements des terrasses qui indiquent des mouvements verticaux. Des anomalies morphologiques ont modifié l'itinéraire des réseaux hydrographiques (Fig.3.4).

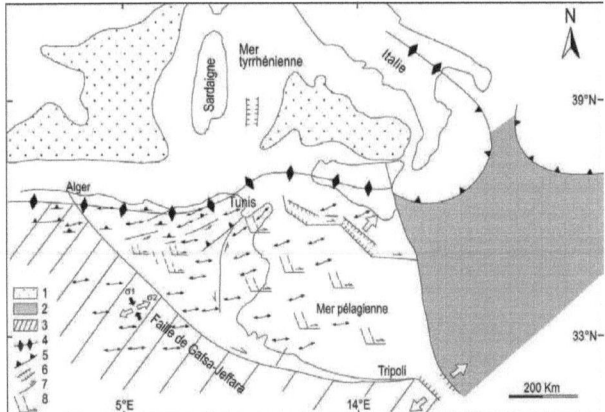

Fig.3.4. Collision continentale au nord de la Tunisie et en Sicile et subduction continentale au niveau de la Calabre au Quaternaire (Chihi, 1995). 1: croûte océanique ou intermédiaire d'âge cénozoïque, 2: croûte océanique ou continentale amincie d'âge mésozoïque, 3: craton africain.4: blocage de subduction, 5: subduction active, 6: graben, 7: décrochement, 8: graben faiblement actif.

III. Conclusion

En Tunisie, les domaines structuraux sont caractérisés par l'existence de déformations concentrées aux voisinages des failles décrochantes. Il s'agit souvent de bandes droites et rectilignes où se concentrent à leurs extrémités les déformations qui sont parfois accompagnées par des montées diapiriques (triasiques). Ces domaines sont le siège de déformations continues, qui se poursuivent jusqu'à l'actuel. Ils se caractérisent par des accidents chevauchants parfois associés aux plis. Ces événements tectoniques résultent de l'évolution géodynamique des domaines internes depuis l'ouverture de la Téthys pendant le Trias et la cicatrisation alpine de l'océan téthysien et la convergence entre les plaques Eurasie et Afrique.

Chapitre IV: Lithostratigraphie et sédimentologie des séries sédimentaires en Tunisie nord-orientale

I. Introduction

En Tunisie, les datations biostratigraphiques sont basées sur des travaux anciens qui ont été proposées (Burollet, 1956). Les séries méso-cénozoïques revêtent à la base une épaisse série salifère du Trias. Elles sont surmontées par des paquets de marnes et d'argiles à intercalation de calcaires et dolomies d'âge jurassique à éocène supérieur. A l'Oligocène et au Miocène, des systèmes siliciclastiques formés de sables, d'argiles, de grès et des barres de calcaires ont envahi les bassins de la Tunisie nord-orientale suite à des cycles de chute et de remontée du niveau moyen de la mer. Les séries cénozoïques présentent une variation latérale de faciès et en épaisseur. Les déformations des séries méso-cénozoïques sont en relation avec les événements tectoniques transtensives et transpressives lors de la dérive des plaques Afrique et Eurasie (Dercourt et al., 1985). A partir des données de forage et des données de surface, les séries sédimentaires traversées correspondent à des formations de faciès et lithologies diversifiées dans le temps et dans l'espace. Les principales unités lithostratigraphiques traversées dans la région sont les suivantes:

I.1. Le Jurassique

Dans la région d'Enfidha le Jurassique est connu au niveau des mines de Barytine et de Fluorine. Il correspond à une masse dolomitique qui affleure en deux lambeaux au cœur de Djebel Mdeker, de couleur grise, bleue à stratifications régulières. Le premier est méridional, il n'est constitué que de dolomies tithoniques alors que le second est septentrional, il montre la succession de (a) dolomies massives grises beiges plus au moins cristallisées, (b) dolomies en bancs friables et rouges, (c) calcaires marneux et noduleux, gris clairs avec quelques ammonites roulées, (d) dolomies massives gris beiges saccharoïdes dans la partie basale renfermant quelques lentilles de calcaires avec des petits cristaux de quartz. Le Crétacé inférieur est en contact anormal avec les séries jurassiques par l'intermédiaire d'une faille normale dextre de direction EW minéralisée en Fluorine, Barytine et Blende (Fig. 4.1).

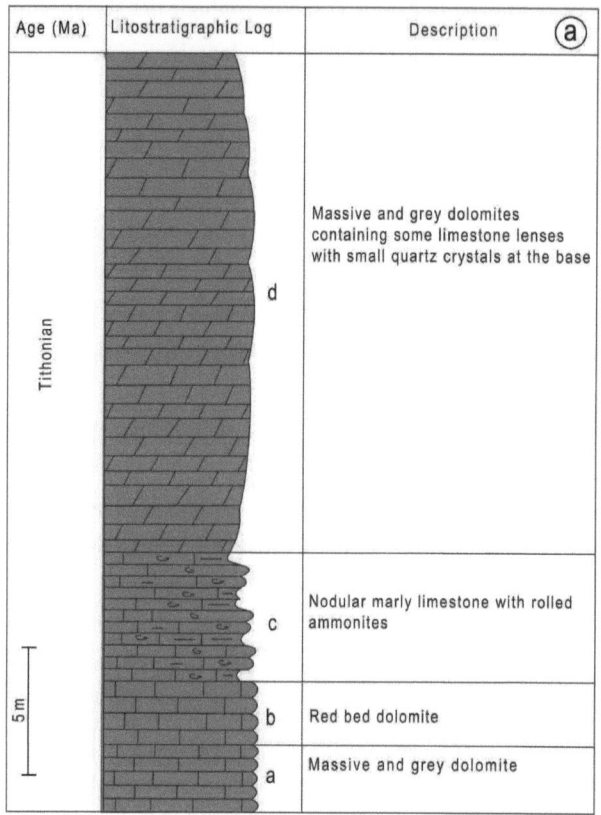

Age (Ma)	Litostratigraphic Log	Description	(a)
Tithonian	d	Massive and grey dolomites containing some limestone lenses with small quartz crystals at the base	
	c	Nodular marly limestone with rolled ammonites	
	b	Red bed dolomite	
	a	Massive and grey dolomite	

Fig.4.1. Séries jurassiques du Djebel Mdeker.

II. Le Crétacé

II.1. Formation M'Cherga: Berriasien-Barrémien

Cette formation est formée par des marnes qui renferment des bancs de calcaire. L'épaisseur moyenne peut atteindre plus de 300 m. Les séries sont formées par l'alternance d'argiles vertes, de marnes, de grès et de quartzites. Les grès et les quartzites se présentent sous forme de bancs métriques très durs fracturés de couleur rousse tachetée (Fig. 4.2). Le faciès des séries d'âge berriasien passe progressivement à une alternance de carbonates à intercalations d'argiles, de marnes, de grès et de quartzites formées de grès roux métrique dans un ensemble argileux, de calcaires gris bleus à débit cubique qui caractérise le Barrémien supérieur, de marnes bleues grises, de

50

calcaires, marno-calcaires à schistosité de fractures (Fig. 4.2). On remarque des variations d'épaisseurs des séries du Berriasien-Barrémien dans la zone d'étude suite aux jeux tectoniques et à la réactivation d'anciennes failles. C'est le cas du flanc occidental de l'anticlinal formé par Djebel Mehjoul et Kef Ensoura dont les séries du Barrémien supérieur ont été affectées par une faille N20°. Ces séries sont moins épaisses surtout aux deux fermetures périclinales mais plus épaisses à Kef Enhal par le jeu d'une faille normale à pendage Est (Fig. 4.2).

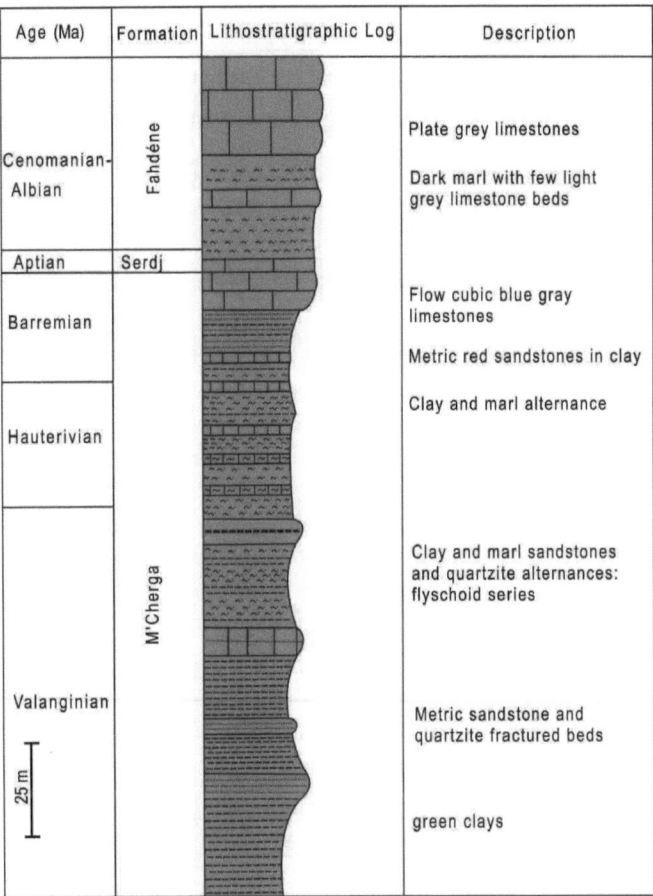

Fig.4.2. Séries du Crétacé inférieur de la région d'Enfidha (formation M'Cherga).

II.2. Formation Serdj: Aptien

Cette formation est constituée soit par une couche de calcaire glauconieux condensé, soit par une alternance de calcaires organo-détritiques d'argiles et de grès. Elle correspond à une couche de 30 cm d'épaisseur. Elle est constituée de calcaire sombre glauconieux et phosphaté riche en faune aptienne comme les gastéropodes, ammonites, échinides et coraux. Les séries de l'Aptien condensé, affleure suivant une direction N35° dans la région d'Enfidha, Kef Ensoura, Kef Enhal et Ghar Edhbâa. La limite supérieure de l'Aptien condensé est soulignée par une discordance. Une tectonique synsédimentaire y a été reconnue marquée par quelques failles normales scellées par l'Aptien supérieur. Les séries d'âge aptien au niveau des deux flancs du Djebel Mdeker, Djebel Garci et Djebel Fadhloun montrent des inversions d'épaisseurs qui sont liées aux jeux synsédimentaires des failles N140°, NS et N30° qui découpent la structure anticlinale tardive (Saadi, 1990) (Fig. 4.3).

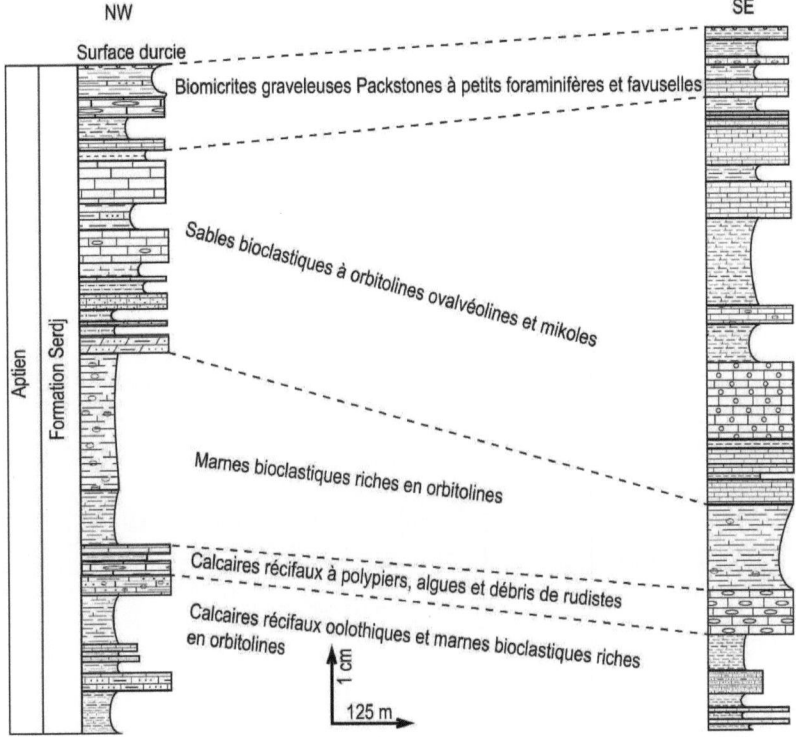

Fig.4.3. Corrélation dans l'Aptien du Djebel Fadhloun entre les deux flancs de la structure (Saadi, 1990).

II.3. Formation Fahdène: Albien- Cénomanien

Elle est formée par des marnes gris foncés, localement glauconieux, d'argiles et de calcaires noduleux ou en plaquettes. La subdivision lithologique est très variable d'une région à l'autre. Elle est comprise entre l'Albien et les calcaires Abiod, formée par l'alternance de calcaires blanchâtres à débit en plaquettes à la base puis en nodules et de marnes (Fig. 4.4).

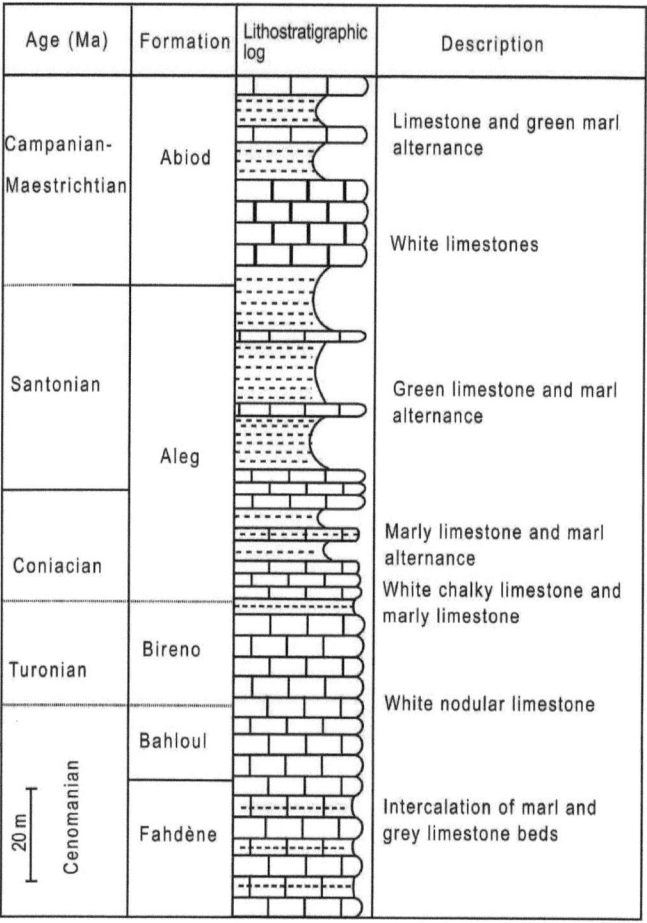

Age (Ma)	Formation	Lithostratigraphic log	Description
Campanian-Maestrichtian	Abiod		Limestone and green marl alternance
			White limestones
Santonian	Aleg		Green limestone and marl alternance
Coniacian			Marly limestone and marl alternance
			White chalky limestone and marly limestone
Turonian	Bireno		White nodular limestone
	Bahloul		
Cenomanian	Fahdène		Intercalation of marl and grey limestone beds

Fig.4.4. Séries du Crétacé supérieur de la région d'Enfidha.

II.4. Formation Aleg : Turonien-Santonien

Cette formation est constituée par l'alternance des calcaires et des marnes. Les calcaires de couleur blanchâtre se débitent en plaquettes et en nodules à la base. Les formations Kef, Douleb et Bireno constituent des équivalents latéraux. Des marnes et des argiles se développent aux dépens des calcaires qui étaient dominants à la base (Fig. 4.4).

II.5. Formation Abiod: Campanien inférieur-Maestrichtien supérieur

Elle est formée par deux intervalles calcaires séparés par un ensemble médian à rare bancs de calcaires argileux réduits en nombre et en épaisseurs. On note aussi l'intercalation de turbiditique à *Orbitoïdae* et *Miliolidae*, des figures de slumps ou faciès gréseux qui traduisent une instabilité tectonique syn-dépôt (Castany, 1951). Les fractures sont partiellement remplies de calcite. L'épaisseur moyenne est de 200 m. Ces calcaires sont déposés sur une plateforme de mer ouverte (Fig. 4.4).

II.6. Formation El Haria: Maestrichtien supérieur-Paléocène

Elle est formée de marnes et de calcaires argileux réduits en nombre et en épaisseur qui contiennent une faune planctonique (*Globigérina, Globoratolia, Morozovella*) (Fig. 4.5). Le faciès peut être relayé verticalement par des calcaires glauconieux et bréchiques et des marnes crayeuses organisées en intervalles de faible puissance (Castany, 1951 ; Burollet, 1956). Des lacunes sédimentaires peuvent êtres rencontrées dans la formation El Haria par l'apparition de surfaces durcies, des dents de squales et des bioturbations (Fig. 4.6). La formation El Haria peut s'amenuiser par biseautage sédimentaire (Comte et Dufaure, 1973). Dans les dépocentres l'épaisseur peut atteindre 500 m et ne dépassent pas 30 m dans les zones hautes. Elle forme une bonne couverture pour les calcaires réservoirs Abiod (Figs. 4.5, 4.6).

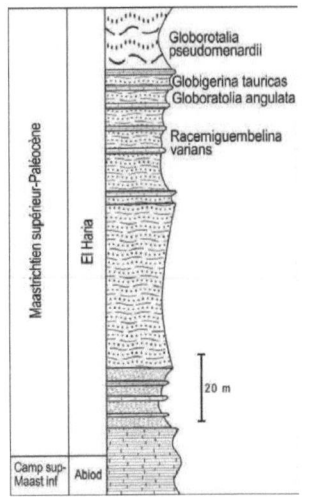

Fig.4.5. Coupe dans la formation El Haria de Djebel Garci (Bajnik et al., 1978).

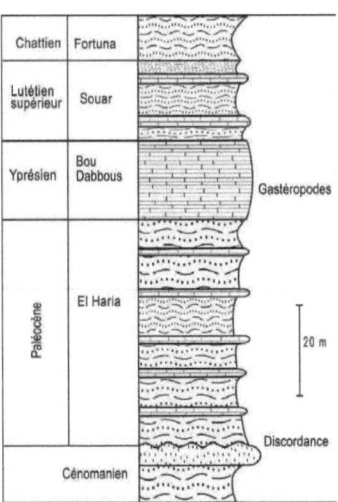

Fig.4.6. Coupe dans la formation El Haria de Djebel Hallouf (Castany, 1951).

III. Eocène

III.1. Formation Bou Dabbous/ El Gueria: Yprésien

Elle est formée de marnes et de calcaires de plateforme de mer ouverte riches en globigérines abondants de la formation Bou Dabbous (Fig. 4.7) dans le NE de la Tunisie. Ces calcaires passent progressivement au SW en dépôts de calcaires localement dolomitisés riches en nummulites de la formation El Gueria (Fig. 4.8). Ces calcaires comportent des rognons de silex (Castany, 1951; Ben Jemia-Fakhfakh, 1991) et des récurrences phosphatées et glauconieux à la base. La base de ces calcaires est transgressive matérialisée par des discordances angulaires et des hiatus sur des dolomies rouges du Crétacé inférieur (Boukadi, 1994). Les calcaires yprésiens sous faciès El Gueria repose en discordance sur les calcaires de la formation Abiod et les marnes glauconieuses réduites jusqu'à 3 m de la formation El Haria, au niveau du Djebel Chérahil, dans l'Axe NS et en Tunisie centrale (Bouaziz et al., 2002). La fracturation de ces calcaires est forte à moyenne et ouverte à partiellement remplie de calcites. La puissance moyenne est de l'ordre de 100 m. Elle est surmontée par des sables argileux avec des intercalations de bancs de calcaires (Figs. 4.7, 4.8).

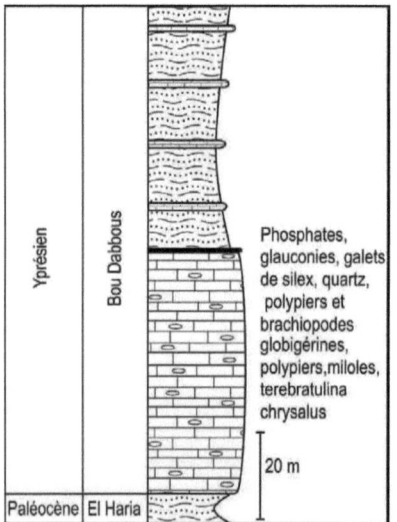

Fig.4.7. Coupe dans le synclinal Kebir (Castany, 1951).

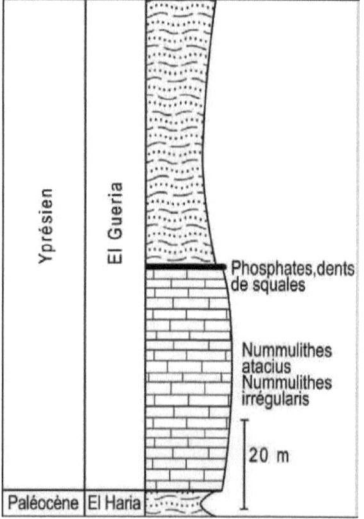

Fig.4.8. Coupe dans le Djebel Chréchira (Castany, 1951).

III.2. Formation Souar: Lutétien-Priabonien

Elle est formée d'argiles et de marnes grises de bassin. Elle possède une puissance moyenne de l'ordre de 250 m. Ce faciès passe latéralement vers l'Est du golfe de Hammamet, à la plateforme carbonatée de Halk El Menzel. Au Sud et en Tunisie centrale, il passe à des marnes, argiles, lumachelles et calcaires lumachelliques riches en ostréa et échinodermes qui caractérisent la formation Chérahil (Fig. 4.6). Une barre de calcaires nummulitiques (membre Reinèche), décamétrique est reconnue par endroit et forme un repère de la formation Souar (Ben Ismail-Lattrach, 2000). Ces séries présentent des variations latérales, elles passent d'une colonne de marnes d'épaisseur 1000 m à Henchir Souar (Burollet, 1956) à des marnes admettant deux ou trois bancs de calcaires de 200 m dans la région d'Enfidha à Kef El Hadj. Ces épaisses séries argileuses de la formation Souar, constituent une bonne et étanche couverture pour le réservoir Bou Dabbous (Fig. 4.6).

IV. Oligocène-Miocène

IV.1. La formation Fortuna: Rupélien-Aquitanien inférieur

Elle est formée par la succession de marnes et de grès à la base, suivie de sables et surmontée par des grès grossiers à dragées de quartz. Le faciès change fréquemment d'une région à l'autre, avec des variations d'épaisseurs des séquences siliciclastiques et des passages latéraux de faciès. A la base on peut rencontrer des argiles avec intercalations des bancs de sables et grès calcaires nummulitiques (Figs. 4.9-4.11). Les variations en épaisseur de la formation Fortuna sont commandées par des paléoreliefs. Elle présente des bases érosives et des chenaux. L'émersion basale est attestée par des conglomérats polygéniques, à galets de grès et de calcaires (Yaïch, 1997). Elle est surmontée par des séquences strato-décroissantes et grano-décroissantes à mégarides munies de la stratification oblique de chenaux en tresses à stratifications obliques. Sur le versant oriental du Djebel Abderrahmane, elle montre une épaisse série siliciclastique (Burollet, 1956; Hooyborghs, 1994) qui a été subdivisée en deux unités (Vernet, 198; Ben Ayed, 1986) : (i) l'unité inférieure appelée Korbous gréso-carbonatée à argileuse très fossilifère a été datée de l'Oligocène inférieur par la faune du Rupélien (Castany, 1956; Burollet, 1956; Blondel, 1990, Hooyborghs, 1995). Cette unité est riche en nummulites, bryozoaires et faunes pélagiques qui caractérisent un milieu franchement marin (Ben Salem, 1992) (Fig. 4.9, 4.11). L'unité Korbous montre à la base de petites discontinuités correspondantes à des surfaces irrégulières et plano-concaves ainsi que des bioturbations qui ont été interprétées comme étant une succession de paraséquences périodiques, grano et strato-décroissantes à base érosive sous l'effet de l'action marine (Ben Salem, 1992). Elle se termine par des calcaires micro-cristallins, qui se présentent en gros bancs avec des traces de terriers tubulaires qui peuvent correspondre à des bioturbations de crabes. La partie sommitale de cette formation est marquée par l'absence du biozone, elle correspond à une lacune sédimentaire (Hooyborghs, 1973). (ii) L'unité supérieure nommée El Haouaria est constituée par une série sablo-gréseuse à conglomérats, dragées de quartz et stratifications obliques (Blondel, 1990). L'unité El Haouaria a été subdivisée en deux membres à caractères lithologiques et paléo-environnementaux différents (Bismuth et Hooyberghs, 1994), un membre inférieur et un membre supérieur (Fig.4.10). L'origine des apports de la formation Fortuna est très contestée. Le sens des apports et des progradations seraient du sud-ouest vers le nord-est à partir du Sahara et des massifs centraux (Burollet, 1956; Yaïch, 1997; Ben Salem, 1992). Leurs études ont été basées sur les mesures de stratifications obliques. D'autres pensent que la source se trouve probablement vers le Nord et le sens d'apport se fait du Nord vers le Sud (Vernet, 1981; Erraoui et al., 1995). Ceci a été constaté suite aux variations de la direction des courants et la constitution minéralogique des sables de la formation Fortuna qui ont été hérités des minéraux des roches cristallines et/ou métamorphiques correspondant aux affleurements du socle aujourd'hui submergés (Figs. 4.9-4.11).

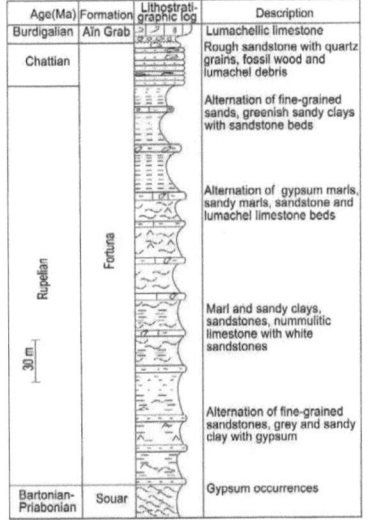

Age(Ma)	Formation	Lithostrati-graphic log	Description
Burdigalian	Aïn Grab		Lumachellic limestone
Chattian			Rough sandstone with quartz grains, fossil wood and lumachel debris
			Alternation of fine-grained sands, greenish sandy clays with sandstone beds
Rupelian	Fortuna		Alternation of gypsum marls, sandy marls, sandstone and lumachel limestone beds
30 m			Marl and sandy clays, sandstones, nummulitic limestone with white sandstones
			Alternation of fine-grained sandstones, grey and sandy clay with gypsum
Bartonian-Priabonian	Souar		Gypsum occurrences

Fig.4.9. Coupe lithostratigraphique à Kef El Hadj. Djebel Souatir

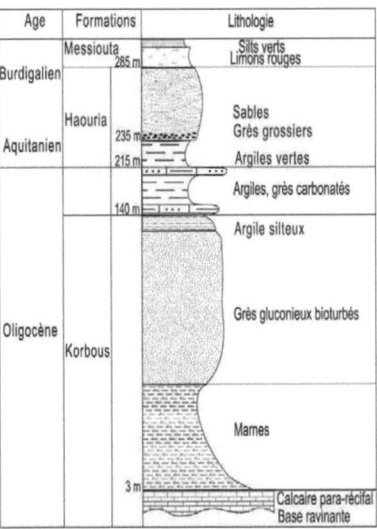

Age	Formations		Lithologie
Burdigalien	Messiouta	285 m	Silts verts Limons rouges
Aquitanien	Haouria	235 m	Sables Grès grossiers
		215 m	Argiles vertes
			Argiles, grès carbonatés
		140 m	Argile silteux
Oligocène	Korbous		Grès gluconieux bioturbés
			Marnes
		3 m	Calcaire para-récifal Base ravinante

Fig.4.10. Coupe lithostratigraphique de (Boussiga, 2008).

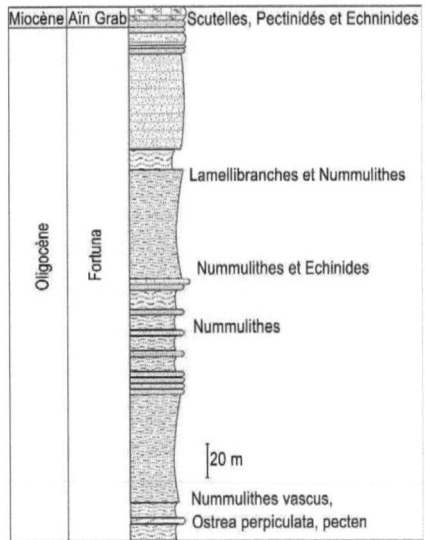

Miocène	Aïn Grab	Scutelles, Pectinidés et Echninides
Oligocène	Fortuna	Lamellibranches et Nummulithes
		Nummulithes et Echinides
		Nummulithes
		20 m
		Nummulithes vascus, Ostrea perpiculata, pecten

Fig.4.11. Coupe dans les séries oligo-miocènes inférieures de Draa Souatir (Castany, 1951).

IV.2. Les calcaires de Ketatna: Rupélien-Aquitanien inférieur

La formation Ketatna, d'âge oligocène-miocène inférieur, a été rencontrée dans le forage Ketatna1. Ces séries n'ont pas été connues en onshore (Fournié, 1978). Il s'agit principalement de calcaires bioclastiques de texture wackestone à packstone. Ils sont partiellement recristallisés en microsparites, à caractères récifaux à para-récifaux. Ils renferment des bryozoaires, des algues, des nummulites, des mollusques et des amphistégines. Par endroit, ces calcaires possèdent quelques niveaux gréseux et marneux de couleur grise à verdâtre. Ils ont été déposés dans un milieu de plateforme très peu profonde avec des bioconstructions. Plus au Sud dans la mer pélagienne, cette formation a pour équivalent latéral la formation Fortuna, formée de sables, et Salambô, formée d'argiles et calcaires avec des intercalations gréseuses.

V. Miocène moyen à supérieur

V.1. Les formations du Miocène moyen à supérieur

V.1a. La lacune de la formation Messiouta: Burdigalien

En Onshore, au-dessus de la formation Fortuna d'âge burdigalien repose un niveau de silts et d'argiles glauconieuses de couleur rouge. Elle apparaît dans la région de Takrouna sur le flanc occidental du synclinal Ermila. Elle comporte parfois des intercalations de marnes silteuses et des bancs gréseux (Hooyberghs, 1973). Ces argiles sont très riches en foraminifères planctoniques, algues, bryozoaires et dents de poissons. La faune identifiée date cette formation d'âge langhien. La formation Oued Hammam, son équivalent latéral, appartient à la partie basale du groupe Cap Bon (Burollet, 1956; Blondel, 1990). Ses équivalents latéraux peuvent être les formations Oued Hajel (série marno-gréseuse), Grijima qui est formée d'argiles, sables et grès et Behara qui est formée par des alternances d'argiles, de grès et de marnes rouges et silteuses (Fournié, 1978). Cette formation ainsi que ses équivalents latéraux ne sont pas connus dans les puits pétroliers du secteur d'étude. Elles ont été probablement érodées ou non déposées.

V.1b. La formation Aïn Grab: Langhien inférieur

Elle est formée par des calcaires bioclastiques de texture packstone-grainstone, durs, de couleur généralement brune renfermant des glauconies (Burollet, 1956). Ces calcaires sont riches en bryozoaires, pectens, scutella, foraminifères planctoniques et benthiques d'âge langhien inférieur (Fig. 4.11). Elle constitue un repère régional aussi bien en affleurement qu'en subsurface visible sur les profils sismiques (Boujemaoui, 2000). La base de la formation Aïn Grab est attestée par une surface de ravinement très irrégulière causée probablement par l'action marine érosive lors de la transgression langhienne alors que son sommet est marqué généralement par une surface ferrugineuse de quelques centimètres d'épaisseur qui peut signifier un léger arrêt ou ralentissement de la sédimentation liée probablement à la remontée de tout le plancher sédimentaire après le dépôt de ces calcaires (Ben Salem, 1992). Les calcaires de la formation Aïn Grab ont été partiellement ou complètement érodés par endroits, comme c'est le cas au niveau du Djebel Klibia, près du côté méridional du Cap Bon. De même sur les bords des paléoreliefs, la formation Aïn Grab n'est représentée que seulement par un horizon centimétrique à décimétrique de conglomérats polygéniques à galets arrondis et à lithophages (Blondel, 1990). La formation Aïn Grab est constituée à sa base par des argiles, sables et grès de la formation Oued Hammam et a été subdivisée en trois membres: un membre inférieur marno-gréso-carbonaté, un membre moyen argileux et enfin un membre supérieur carbonaté bioclastique (Besème et Blondel, 1989). Elle correspond à un milieu marin à climat de type tropical à subtropical et à sédimentation de type littoral avec une abondance particulière de bryozoaires (Bismuth et Hooyborghs, 1994) (Fig. 4.12).

V.1c. La formation Mahmoud: Langhien supérieur-Serravalien inférieur

Elle est formée par des marnes et des argiles gris verts, ce sont les argiles à *Orbulina*. La formation Mahmoud est essentiellement argileuse, dont le milieu de dépôt est marin profond, son âge est Langhien (Fig. 4.12).

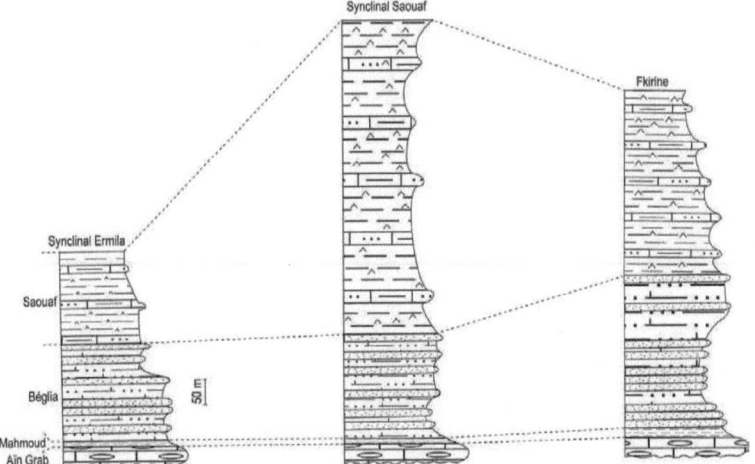

Fig.4.12. Corrélation lithostratigraphiques du groupe Oum Dhouil (Langhien-Tortonien).

V.1d. Formation Birsa

La formation Birsa est localisée dans l'offshore nord-oriental de la Tunisie. Elle est formée par l'alternance de marnes, argiles, bancs de grès et de calcaires. Elle est composée généralement de trois membres: (i) le membre Birsa inférieur, (ii) le membre intra-Birsa (iii) le membre Birsa supérieur. Elle a pour équivalent en onshore la formation Béglia (Fig. 4.13).

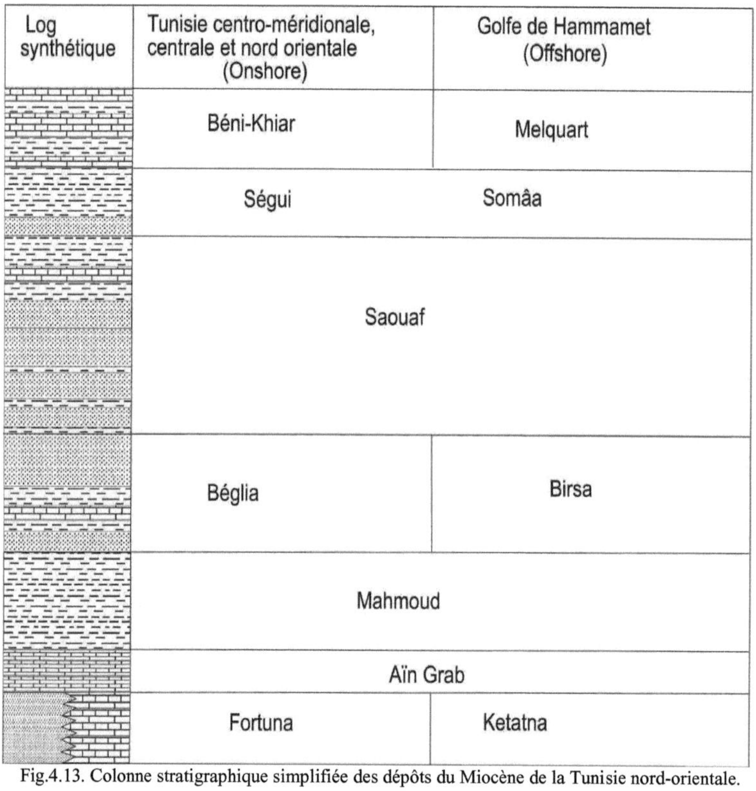

Log synthétique	Tunisie centro-méridionale, centrale et nord orientale (Onshore)	Golfe de Hammamet (Offshore)
	Béni-Khiar	Melquart
	Ségui	Somâa
	Saouaf	
	Béglia	Birsa
	Mahmoud	
	Aïn Grab	
	Fortuna	Ketatna

Fig.4.13. Colonne stratigraphique simplifiée des dépôts du Miocène de la Tunisie nord-orientale.

V.1e. Formation Nilde

Elle est reconnue en offshore vers l'extrême nord tunisien (Shell Tunirex, 1981, 1982). Cette formation est essentiellement argileuse à la base et carbonatée au sommet. Cette dernière forme l'équivalent latéral de la formation Birsa vers le Nord.

V.1f. Formation Saouaf

La formation Saouaf est formée de séries à faciès marin littoral. Elle est formée d'alternances de sables moyens à fins, d'argiles et de silts. Comme on note aussi la présence de faciès secondaires qui sont formées par des lignites, des calcaires lumachelliques en affleurement, des niveaux gypseux ainsi que localement des dépôts de charbon. (Figs. 4.14, 4.15).

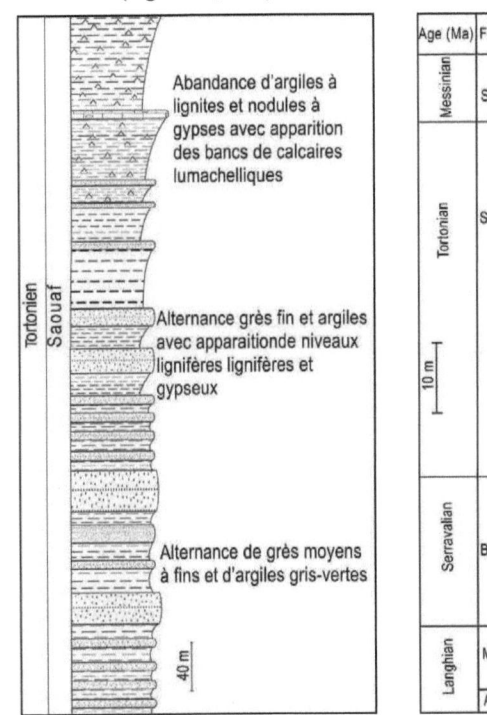
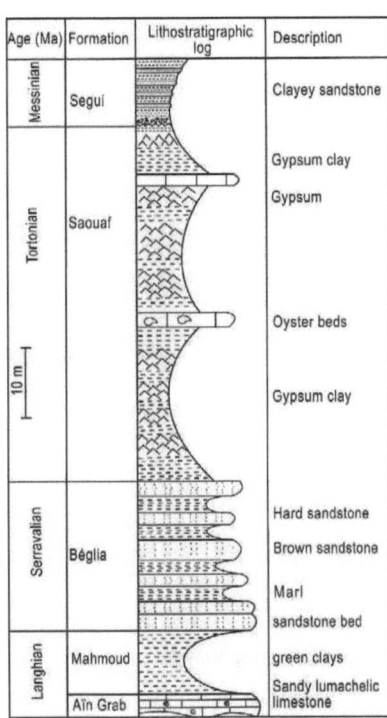

Fig.4.14. Coupe lithologique de la formation Saouaf. Fig.4.15. Séries miocènes dans la région d'Enfidha.

V.1j. Formation Ségui: Messinien-Gelacien

La formation Ségui est attribuée au Mio-Pliocène (Burollet, 1951). Elle est formée de dépôts continentaux, tels que des conglomérats, des argiles, des calcaires bréchiques et de limons rouges. Elle surmonte la formation Saouaf dans le golfe de Hammamet (Fig. 4.16).

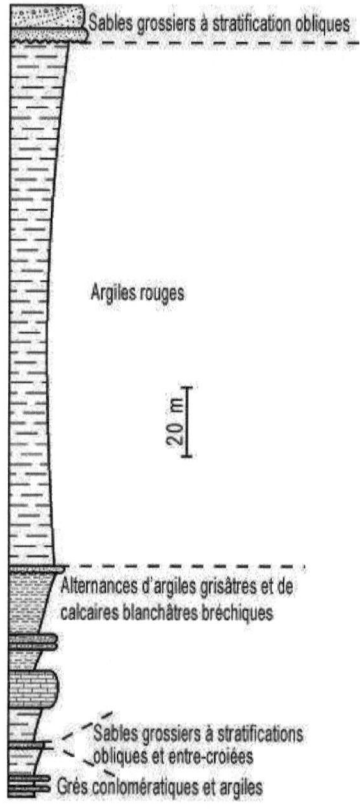

Fig.4.16. Log lithostratigraphique de la formation Ségui de Henchir Nehal (Saadi, 1997).

V.1h. Formation Somâa

Elle est essentiellement sableuse formée d'alternance de sables jaunes ou rouges, plus au moins grossiers à intercalation des niveaux conglomératiques, dans la région de Nabeul. C'est une formation azoïque qui représente en Tunisie nord-orientale le recul maximum des conditions marines de dépôts (Bismuth et Hooyberghs, 1994). La formation Somâa est attribuée au Tortonien (Colleuil, 1979). Cette dernière est délimitée par les formations Saouaf à la base et Melquart au sommet dans le golfe de Hammamet (Fig. 4.17).

V.1i. Formation Melquart/ Beni-Khiar

La formation Melquart a été définie dans le golfe de Gabès (Fourniée, 1978). Elle est constituée par des niveaux évaporitiques et des niveaux de calcaires et d'argiles d'âge tortonien (Ben Ferjani et al., 1990) à Messinien inférieur (Bismuth, 1984) (Fig. 4.17).

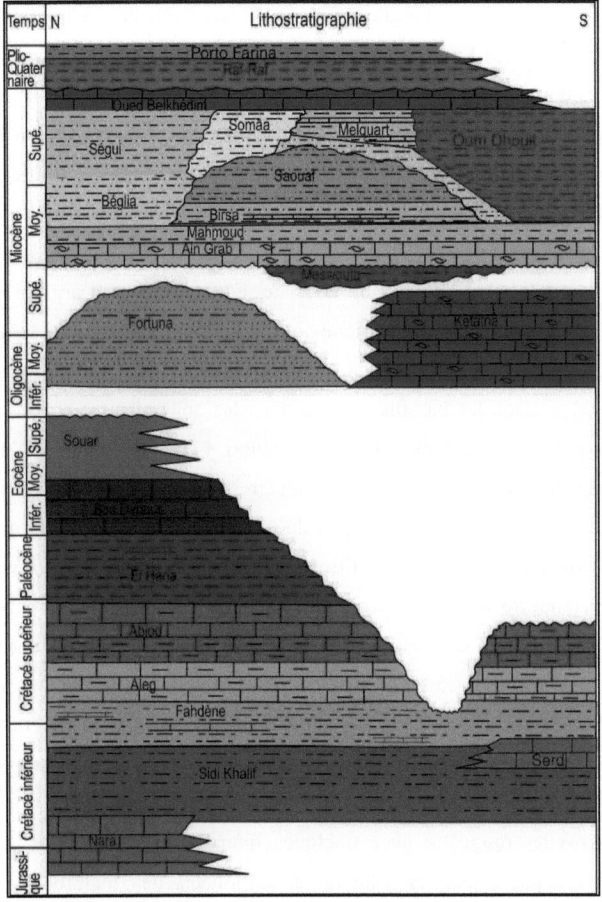

Fig.4.17. Charte lithostratigraphique du golfe de Hammamet et la région de Sahel.

IV. Lithostratigraphie du golfe de Hammamet (offshore) à partir des données des puits

Les unités lithostratigraphiques traversées par les puits pétroliers dans le golfe de Hammamet comprennent les formations suivantes (Figs. 4.17, 4.18): (1) M'Cherga, d'âge berriasien-barrémien, est formée par des marnes qui renferment des bancs de calcaires d'épaisseur moyenne pouvant atteindre plus de 300 m. Cette formation est formée par l'alternance d'argiles vertes, de marnes, de grès et de quartzites. (2) Serdj, d'âge aptien, est constituée par une couche de calcaire sombre, ou par une alternance de calcaires organo-détritiques d'argiles et de grès. Cette formation peut atteindre plus de 150 m d'épaisseur. (3) Fahdène, d'âge albien-cénomanien, est formée par des marnes gris foncés, d'argiles et de calcaires noduleux ou en plaquettes. (4) Aleg, d'âge turonien-campanien inférieur, est constituée par l'alternance de calcaires blanchâtres et de marnes. Les formations Kef, Douleb et Bireno constituent des équivalents latéraux. (5) Abiod, d'âge campanien-maastrichtien, composée de calcaires blancs à gris, crayeux et souvent fracturés d'épaisseur moyenne de 200 m. (6) El Haria, d'âge maastrichtien supérieur-paléocène, consiste en une série d'argiles et marnes tendres à intercalations calcaires riches en faunes planctoniques et localement de lits de phosphates et de glauconie dans la partie supérieure. Son épaisseur moyenne varie de 800 m dans les bassins à 30 m dans les zones hautes et joue le rôle de couverture pour les réservoirs carbonatés Abiod. (7) Bou Dabbous, d'âge éocène inférieur, correspond à une série de calcaires fortement fracturés, d'épaisseur moyenne de 100 m à faune benthique, de quartz et de glauconie. Cette formation admet des intercalations de minces lits de marnes. (8) Souar, d'âge éocène moyen à supérieur, comporte des marnes grises, des argiles jouant le rôle de couverture pour le réservoir Bou Dabbous et des calcaires bioclastiques à faune benthique d'épaisseur moyenne de 250 m. Cette formation passe latéralement à la plateforme carbonatée de Halk El Menzel, riche en débris de foraminifères. (9) Fortuna, d'âge oligocène-miocène inférieur, se caractérise par des dépôts siliciclastiques, formés d'argiles, de grès et de silts. Au sommet on note des dépôts supra-tidaux de grès moyen à grossier rougeâtre avec quelques intercalations argileuses. Vers l'Est, cette formation passe progressivement en carbonates de plateforme (formation Ketatna). Elle consiste en une série calcaire à bryozoaires, algues, mollusques et nummulites et passe latéralement à une série épaisse de marnes à microfaune planctonique et à intercalations de calcaires argileux en mer pélagienne. Il s'agit de la formation Salambô. Les grès peuvent jouer le rôle de réservoir à couverture de lentilles argileuses, d'épaisseur moyenne de 100 m mais pouvant aller jusqu'à 500 m dans les bassins. (10) Aïn Grab, d'âge langhien inférieur, contient des barres de calcaires fossilifères compactes. Cette formation varie en épaisseur et en faciès d'une région à une autre. Sa base est ravinante, transgressive comme indiqué par des niveaux conglomératiques de base. (11) Mahmoud, d'âge langhien supérieur, est constituée d'argiles verdâtres, gris, tendres, silteux avec de minces niveaux gréseux, d'épaisseur moyenne de 150 m. C'est une bonne couverture pour les séries sous-jacentes. (12) groupe de formations nommé Oum Douil correspondant à une entité composée d'argile et de grès et comprenant les formations de (a) Birsa, composée de grès fins à moyens avec des intercalations d'argiles, (b) Béglia, représentée par des alternances d'argiles grises à vertes renfermant des grains de glauconie et de pyrite avec des niveaux minces de grès fins, blancs mal classés, témoignant d'une sédimentation cyclique dans un milieu marin. Les niveaux gréseux sont de l'ordre de 10 à 15 m d'épaisseur, attribués à des barres de front de delta ou de chenaux deltaïques qui constituent un réservoir ouvert par les argiles intra-formationnelles. Au Nord, la base de la formation Béglia passe progressivement à la formation Birsa, (c) Saouaf, qui consiste en des argiles tendres, plastiques, silto-sableux à intercalations de grès fins d'épaisseur moyenne de 300 m. (13) Somâa, d'âge tortonien supérieur-messinien inférieur, d'épaisseur moyenne de 350 m, formée principalement par des grès, des sables fins, jaunes moyens à grossiers, à intercalation argileuse tendre et plastique. (14) Melquart, d'âge messinien, à faciès carbonaté de plateforme interne, devient de type restreint argilo-évaporitique et carbonaté correspondant à la formation Oued Belkhédim et d'épaisseur moyenne de 100 m. (15) Raf-Raf, d'âge pliocène, constituée par des argiles vertes et tendres discordantes sur le Messinien et surmontée par la formation Porto-Farina qui correspond à une unité gréseuse riche en fossiles. Ces formations montrent des variations latérales et en profondeur (Fig.4.18).

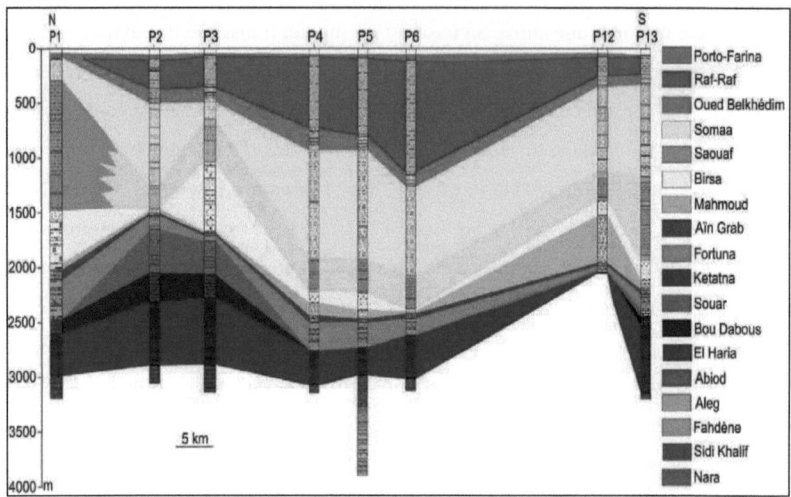

Fig.4.18. Corrélation lithostratigraphique des puits dans le golfe de Hammamet montrant la lithologie des différentes formations.

V. Conclusion

Le Jurassique est caractérisé par une sédimentation récifale déposé sur un haut fond. Pendant l'intervalle Berriasien-Barrémien supérieur, la mer a déposé plus de 500 m de sédiments essentiellement des flyshs, des calcaires, des marno-calcaires et des marnes. A cette époque la région d'Enfidha est située à la limite méridionale du sillon tunisien beaucoup plus profond au Nord (Meddeb, 1986). Un haut fond de direction N030° s'individualise au cours de l'Aptien qui se caractérise par une sédimentation condensé reconnue au Djebel Mdeker. Une croûte ferrugineuse ainsi qu'une discordance angulaire marquent la limite entre l'Aptien et les niveaux supérieurs. L'Albien est souvent absent, au niveau de la structure de Djebel Fadhloun, l'Albien marque la réduction des séries entre les deux flancs qui se poursuit jusqu'à l'Eocène inférieur. Au Crétacé supérieur s'individualisent des réductions très importants sur le flanc occidental au dôme de Djebel Mdeker par rapport au flanc oriental et celui depuis le Cénomanien supérieur jusqu'à l'Eocène inférieur. Au Djebel Fadhloun la réduction des séries entre les deux flancs oriental et occidental débute à l'Albien et se poursuit jusqu'au Santonien. Le flanc occidental présente une réduction par rapport au flanc oriental du Campanien à l'Eocène inférieur. La réduction des séries est attribuée à des structures de haut fond de direction subméridienne. Des intrusions volcaniques sous forme de sills ou de veines ont été reconnues en forage dans la séquence d'âge aptien-

68

santonien inférieur dans tout le Sahel tunisien et en particulier dans la région d'Enfidha (Meddeb, 1986). On lui attribue une période d'extension pour cette extrusion du magmatisme précoce d'âge aptien mais à importantes manifestations au Crétacé supérieur. Au Djebel Bousefra le Campanien inférieur est discordant sur le Tithonien, on assiste donc à une discordance intra-campanienne tandis que les calcaires blancs du Campanien supérieur au niveau de la même localité renferme des éléments phosphatés du Campanien inférieur sous-jacents. La formation El Haria présente une variation notable d'épaisseur d'une région à l'autre avec des lacunes au cours du Maastrichtien supérieur et du Paléocène. Les séries de l'Eocène inférieur reposent en discordance angulaire sur la formation El Haria au sud du massif du Ghar Edhbâa. Elles présentent des variations considérables d'épaisseurs d'une région à l'autre, ainsi elles peuvent atteindre 100 m d'épaisseur au Djebel Ouker et de l'ordre de 10 m au Djebel Mehjoul avec des traces d'éléments glauconieux. Localement on peut distinguer une discordance angulaire entre l'Eocène supérieur et l'Oligocène inférieur. L'Oligocène débute par une sédimentation argilo-gréseuse à nummulites, on assiste donc à une régression à partir de l'Oligocène supérieur. A cette période une mer néritique a déposé une masse de grès grossiers à stratifications entrecroisées renfermant des débris de lamellibranches. L'émersion est totale à l'Oligocène sommital avec des bois silicifiés. Sur la feuille d'Enfidha l'Oligocène supérieur est caractérisé par de grandes variations d'épaisseurs, il est totalement absent dans le synclinal d'Ermila, il a une épaisseur de 80 m sur le flanc oriental du synclinal de Saouaf et plus de 250 m à l'Est d'Aïn Batria. La formation Messiouta d'âge aquitanien est formée par des séries à dépôts continentaux sur le flanc ouest du synclinal d'Ermila. Au Langhien une transgression généralisée a envahi la région d'Enfidha déposant en discordance une dizaine de mètres de calcaires gréseux riches en faunes néritiques avec un niveau conglomératique à la base. Les formations Mahmoud, Béglia et Saouaf se déposent successivement au-dessus. Au Mio-Pliocène, la formation Segui vient se déposer en discordance sur toutes les séries antérieures, il s'agit d'une masse conglomératique constituée essentiellement par des remaniements de tous les terrains sous-jacents d'une épaisseur très importante qui dépasse parfois 1000 m. Le Tyrrhénien longe toute la côte sous forme d'une bande constituée de sables plus au moins consolidés.

Chapitre V: Etude structurale et microstructurale de la région d'Enfidha et en Tunisie nord-orientale

I. Introduction

La partie est de la Tunisie est constituée de l'avant-pays de la chaîne atlasique. Ce domaine se raccorde à une zone de croûte continentale amincie vers le NE. Il est limité à l'Ouest et au NW par le couloir de failles de l'axe NS (Burollet, 1956; Abbes et al., 1981) et par l'accident de Zaghouan (Turki, 1985) qui le séparent du domaine atlasique. A l'Est, il se prolonge en mer par le bloc pélagien (Blanpied, 1978). Il est limité par l'alignement NW-SE des rifts du détroit siculo-tunisien marqués par des pointements des îles volcaniques Linosa, Pantelleria et les îles de Lampedusa et Malte. C'est une plateforme stable régulièrement mais lentement subsidente au Mésozoïque. Les faciès reconnus par quelques forages sont du type néritique de mer ouverte avec prépondérance de sédiments carbonatés (Burollet et Byramjee, 1974). Au Cénozoïque, la subsidence devient plus active et permet l'accumulation de puissantes séries sous contrôle tectonique. Ces séries montrent des variations latérales et en profondeur en faciès et en épaisseur. Ces zones mobiles à plusieurs époques géologiques et tectoniquement complexes, délimitent de vastes secteurs peu ou pas déformés. Le but de cette étude est de retrouver les paléodirections des contraintes et leurs successions dans le temps à partir des données microstructurales.

I.1. Méthodologie

Les séries carbonatées constituent de meilleurs sites microtectoniques, les plans des failles, les stries, les fentes de tensions et les pics stylolitiques peuvent êtres facilement mesurés. Les formations gréseuses enregistrent assez mal les déformations cassantes, alors que les argiles ne renferment plus des traces microtectoniques. On a effectué des mesures de directions, de pendages et de stries sur des séries sédimentaires. Des levées topographiques et des mesures des épaisseurs de couches pour l'élaboration des coupes structurales ont été réalisées. On détermine le sens du mouvement des failles à partir des éléments striateurs ou tectoglyphes sur les plans des failles. Ces mesures ont été prélevées dans des sites notés 1-28 (Tableau 5.1). La direction des fractures est présentée sous forme de roses diagrammes. Des fentes de tensions et des stylolites qui sont bien développés, nous permettent d'identifier des événements tectoniques dans la région de Sahel. Les mesures microtectoniques sont traitées par le logiciel *Faultkin 5.5* (Marret et Allmendinger, 1990; Allmendinger et al., 2012) et *Win-tensor 4.0.4* (Delvaux, 2011) (Hémisphère sud du canevas de Schmidt) pour la représentation des plans de failles, des stries et pour déterminer la position des trois axes principaux (σ_1, σ_2, σ_3) des tenseurs de contraintes pour des failles normales (TN) et des failles inverses (TI). Un rapport $R=(\sigma_2 - \sigma_1)/(\sigma_3 - \sigma_1)$ qui fournit des renseignements sur la forme des tenseurs. Les fractures sont traitées par le logiciel *Rose 2.1.0* généré par Todd (2001-2004).

Zone	n	σ_1	σ_2	σ_3	R	Type de contrainte
01	10	148	240	363	0.41	PS
02	04	064	231	330	0.47	PS
03	07	131	326	234	0.59	PS
04	12	092	278	183	0.50	PS
05	11	115	266	017	0.66	F
06	10	118	028	293	0.40	PS
07	10	279	139	048	0.42	PS
08	15	160	175	040	0.47	PS
09	14	133	230	039	0.50	PS
10	08	090	287	190	0.50	PS
11	11	287	155	015	0.44	PS
12	14	110	017	207	0.46	PS
13	10	150	278	030	0.50	PS
14	18	113	100	207	0.39	PS
15	09	150	280	045	0.50	PS
16	12	205	140	025	0.50	PS
17	25	165	282	055	0.66	F
18	23	031	278	163	0.50	PS
19	21	339	124	230	0.57	PS
20	22	358	174	266	0.50	PS
21	17	342	160	252	0.73	F
22	26	251	086	354	0.35	C
23	06	116	239	014	0.22	C
24	11	210	340	111	0.50	PS
25	12	191	076	282	0.50	PS
26	15	045	258	166	0.29	C
27	08	345	234	138	0.65	F
28	07	133	310	042	0.50	PS

Tableau 5.1. Détermination de la direction des contraintes σ_1, σ_2 et σ_3 à partir des mesures effectuées dans les zones (1-28). n: nombres de mesures par site (1-28), C: constriction, F: aplatissement, PS: déformation plane.

I.2. Présentation des grandes structures de la région d'Enfidha

La zone d'étude est formée par : (i) Le synclinal de Saouaf qui est représenté par son flanc oriental de direction N25° passant vers le Nord à une terminaison périclinale (Fig.5.1). Il est constitué essentiellement des terrains oligo-miocènes formés de sables et de bancs gréseux de la formation Fortuna.

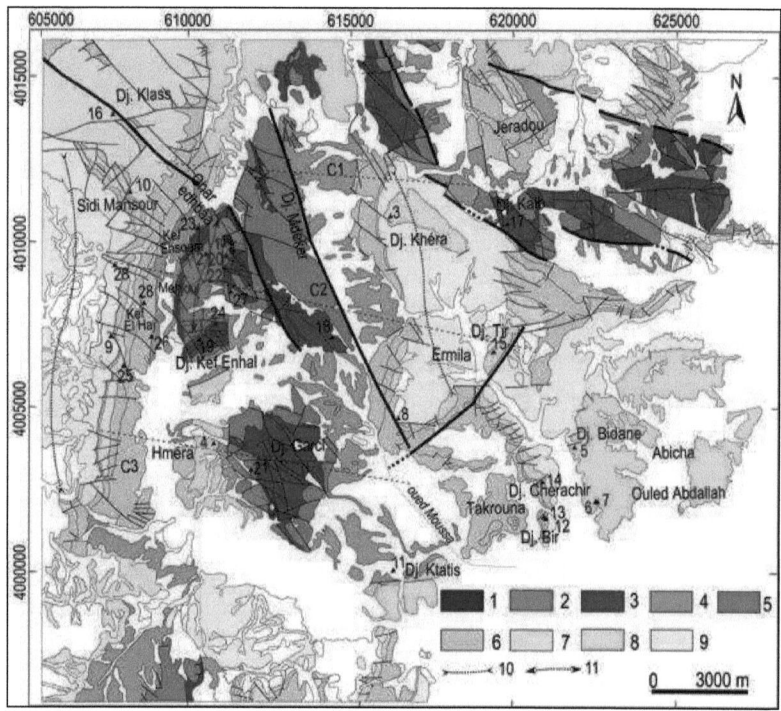

Fig.5.1. Carte de localisation de la zone d'étude. De 1-28: localisation des sites microtectoniques sites, C1-C3: coupes structurales, légende: 1: Jurassique, 2: Crétacé inférieur, 3: Crétacé supérieur, 4: Eocène inférieur, 5: Eocène supérieur, 6: Oligocène inférieur, 7: Oligocène supérieur, 8: Miocène moyen, 9: Plio-Quaternaire, 10: synclinal Saouaf, 11: Anticlinal du Djebel Mdeker.

Des failles décrochantes dextres de direction ~N65° et des failles inverses orientées N20° affectent les dépôts de la formation Ségui d'âge mio-pliocène. Le cœur est recouvert localement en discordance par des sédiments mio-pliocènes et pléistocènes continentaux. Les structures de ce synclinal sont affectées par une fracturation intense. La faille d'Enfidha orientée EW, visible par endroit en surface, a entraîné l'élimination de la terminaison périclinale méridionale du synclinal de Saouaf et à l'origine de la

72

formation des plis subméridiens dans la localité de Hméra. (ii) L'anticlinal du Djebel Mdeker montre une structure interne très complexe. Trois failles subméridiennes sont à l'origine de la fragmentation du dôme en trois compartiments distincts avec de la fracturation de directions diverses qui a affecté les séries jurassiques à éocènes (Fig. 5.1). Ainsi d'Ouest en Est, on distingue trois compartiments: (a) un compartiment, formé par Kef Enhal, Djebel Mehjoul, Kef Ensoura et Henchir Abidi (Fig. 5.2). Il correspond à un anticlinal de direction moyenne N30° formé par les Djebel Mehjoul, Kef Ensoura (flanc occidental), Kef Enhal (fermeture périclinale sud) et la côte 323 (fermeture nord). Son cœur est constitué par des flyschs valanginiens avec apparition localement de deux pointements jurassiques.

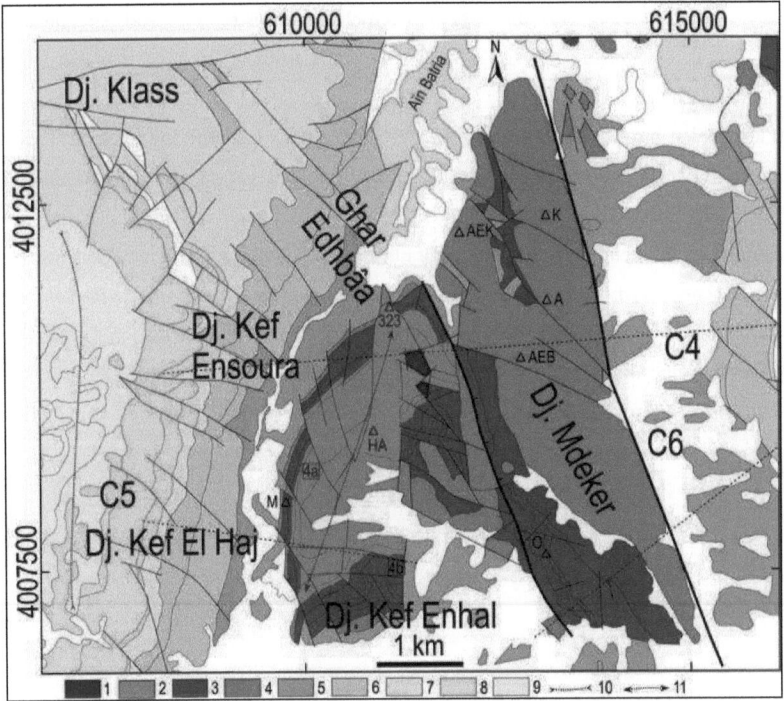

Fig.5.2. Carte géologique détaillée du Djebel Mdeker et le flanc ouest du Saouaf., C4-C6: coupes géologiques, 1: Jurassique, 2: Crétacé inférieur , 3: Crétacé supérieur, 4: Eocène inférieur, 5: Eocène supérieur, 6: Oligocène inférieur, 7: Oligocène supérieur, 8: Miocène moyen, 9: Plio-Quaternaire, 10: synclinal Souaf-Ermila, 11: Anticlinal de Mdeker, A: Djebel Ataris, AEB: Aïn El Bégar, AEK: Aïn El Ketiti, K: Djebel Khiala, HA: Henchir Abid, M: Djebel Mehjoul, O: Djebel El Oueker.

Des coupes structurales (C1-C6) (Fig. 5.3, 5.4) ont été levées dans la région d'Enfidha (Fig. 5.1, 5.2). Elles montrent des failles de direction N10° et N170° à différentes échelles également observées sur le terrain. Elles se trouvent le long du Kef Ensoura et au Djebel Mehjoul à composantes horizontales sénestres (Fig. 5,3a). Ainsi, la terminaison septentrionale du Kef Ensoura, au Nord de Henchir Abidi, est affectée par une faille subméridienne de direction ~N20°, de pendage 75°W. Le jeu décrochant sénestre affecte aussi Djebel Garci (Fig. 5,3b). (b) un deuxième compartiment est constitué par le massif de Ghar Edhbâa (Fig. 5,3c). Cette zone extrêmement fracturée est caractérisée par l'apparition de deux lambeaux dolomitiques d'âge jurassique. Elle est bordée à l'est par une faille NS transcurrente sénestre, à l'ouest par une faille NS verticale, au Nord par une faille N80° décrochante sénestre et au sud par une faille N110° décrochante dextre. (c) un troisième compartiment est constitué par Djebel Oueker, Mdeker, Ataris, Khiala et Aïn El Ketiti (Fig. 5,3d). Une série monoclinale d'âge albien moyen à éocène supérieur est située dans la partie méridionale dans ce compartiment. Cette série se limite au Nord à Aïn El Bégar par la séquence allant du Campanien supérieur à l'Eocène, ainsi toutes les formations d'âge albien moyen à campanien inférieur sont décalées par faille et donc invisibles dans ce compartiment. Les couches de l'Eocène inférieur deviennent horizontales pour former la fermeture de cet anticlinal qui passe progressivement sous la plaine d'Aïn Batria (Fig. 5,3c). Elles présentent une direction ~N160° au village de Aïn Mdeker jusqu'au Nord du Djbel Khiala. Cette direction est celle d'un vaste anticlinal dont seule la fermeture périclinale nord et le flanc oriental ont été conservés en totalité.

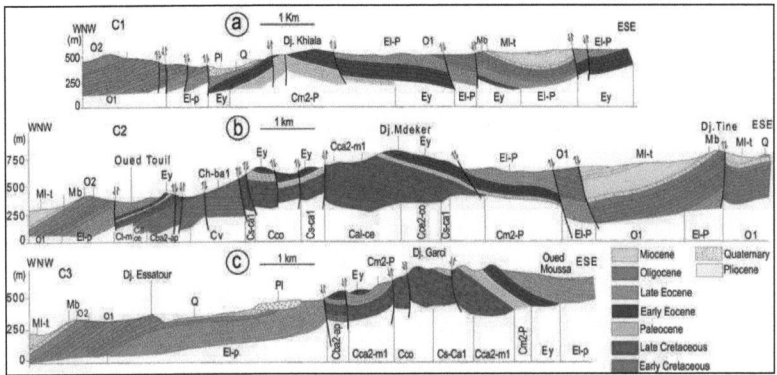

Fig.5.3. Coupes géologiques (C1-C3) dans la région d'Enfidha. Cv: Valenginien, Ch-ba1: Hauterivien-Barrémien supérieur, Cba2-ap: Barrémien supérieur-Aptien, Cal-ce: Albien-Cénomanien, Cce2-co: Cénomanien supérieur- Coniacien, Cs-ca1: Santonien- Campanien inférieur, Cco: Coniacien, Ct-m: Turonien- Maastrichtien, Cca2-m1: Campanien supérieur- Maastrichtien inférieur, Cm2-P: Maastrichtien supérieur-Paléocène, Ey: Yprésien, El-p: Lutétien-Priabonien, O1: Oligocène inférieur, O2: Oligocène supérieur, Mb: Burdigalien, Ml-t : Langhien-Tortonien, M-Pl: Mio-pliocène, Q: Quaternaire.

Le troisième compartiment est bordé par des failles subméridiennes. Une faille orientale normale à composante sénestre de direction N165° et de pendage ~75-85°E met en contact les calcaires de l'Eocène inférieur avec les marnes de l'Eocène supérieur (Fig. 5,4f). Le jeu de cette faille ainsi que les structures en horst et en graben de direction N135° sont en faveur d'une extension post-Eocène de direction moyenne NE-SW. Des failles EW dextres coupent cette faille principale, preuve de l'existence d'une phase compressive postérieure à l'extension NE-SW. Dans la région d'Aïn Khiala, le flanc occidental est constitué de l'Eocène inférieur, plus au sud la totalité du flanc occidental est éliminée par failles. Des témoignages d'une déformation plio-quaternaire sont reconnues à l'affleurement dans des zones étroites situées le plus souvent dans le prolongement de structures atlasiques et à l'aplomb d'accidents détectés par sismique réflexion (Bédir et Zargouni, 1986). Cette déformation est représentée par une succession d'anticlinaux dissymétriques, à flancs NW redressés et par des décrochements N90° dextres et N160° sénestres à rejeux probables d'accidents préexistants.

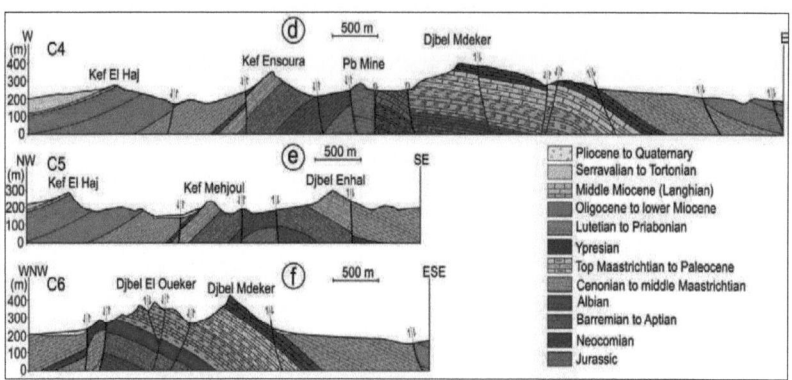

Fig.5.4. Coupes géologiques (C4-C6) de Djebel Mdeker (d-f).

II. Interprétation des données de surface dans la région d'Enfidha

L'avant-pays de l'Atlas est constitué par des chaînes orogéniques très mobiles formées par l'axe NS orientées localement NNE-SSW. Les grands événements tectoniques ont été enregistrés dans les bassins d'avant-pays enterrés au niveau des séries moins épaisses du Méso-Cénozoïque. Des décrochements des séries du Jurassique sur l'Eocène et l'Oligo-Miocène ont été observés au niveau de la faille de Zaghouan et de l'axe NS (Jauzein, 1967; Truillet et al., 1981; Turki, 1985; Anderson, 1996; Morgan et al., 1998; Khomsi, 2005). La relation de la configuration structurale profonde de l'avant-pays et la ceinture du côté de l'Atlas tunisien n'est pas bien connue. Le mécanisme de formation de l'Atlas tunisien, ainsi que les structures héritées qui ont contribué à la mise en place de la géométrie actuelle ont été expliquées par plusieurs modèles (Burollet, 1956; Turki, 1985; Creusot et al., 1992; Rigane, 1991; Zargouni, 1985; Bédir, 1995; Zouari,1995). Des hétérogénéités structurales en subsurface correspondent à des alignements majeurs orientés NE-SW, EW et NW-SE. Certaines portions de ces alignements coïncident avec des failles reconnues sur le terrain. Parmi lesquelles les failles N120° sont remarquables et forment des couloirs de décrochement. De part et d'autre de ces failles, la géométrie des déformations est différente d'un compartiment à un autre (Khomsi, 2007) (Fig. 5.5).

Fig.5.5. Fentes de tension et tectoglyphes montrant un jeu de failles décrochantes sénestres dans la formation Abiod du Djebel Kef Ensoura.

II.1. Tectonique crétacé

Dans la région d'Enfidha, à Ghar Edhbâa, les séries sont affectées par de nombreuses failles inverses à pendages forts et des failles décrochantes sénestres de direction N120-150° à pendages forts vers le SW. Une faille inverse de direction EW minéralisée en Blende et Barytine met en contact les séries calcaires du Jurassique avec les séries du Valenginien. Une faille de direction moyenne N110° comporte deux familles de stries.

Les stries montrent des jeux relatifs aux failles décrochantes sénestres et des failles inverses à fort pitch. Le tenseur de contrainte appliqué aux mesures montre l'existence d'une compression qui a affecté les séries calcaires avec une contrainte σ_1 orientée NE-SW. Le jeu des stries des failles décrochantes senestres est postérieur à celui des failles inverses. Le rapport axial moyen R=0.41 correspond à une déformation plane (site 1) (Fig. 5.6).

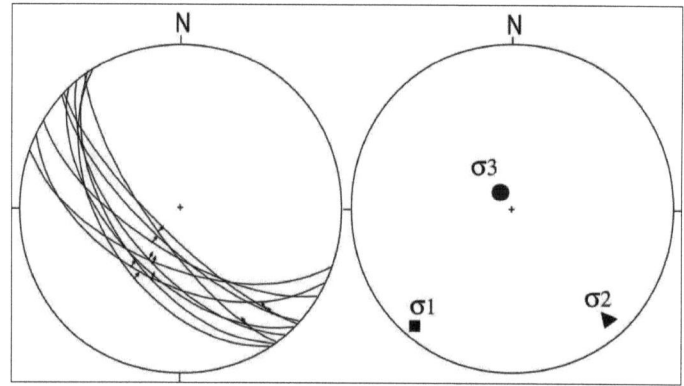

Fig.5.6. Mesures microtectoniques dans les séries valanginiennes (formation M'Cherga) à Ghar Edhbâa (site 1).

A Djebel Mdeker les séries valenginiennes (sites 22, 27) de la formation M'Cherga sont affectées par des failles de direction NS, NE-SW et EW à NW-SE. Les failles normales et décrochantes normales montrent une extension NE-SW et WNW-ESE. La contrainte compressive σ_1 est verticale alors que σ_3 est horizontale avec un rapport R=0.35 (site 22) qui correspond à une déformation en constriction et un rapport moyen R= 0.65 (site 27) qui correspond à un aplatissement avec des failles normales de direction N160-190° qui montrent une extension de direction ENE-WSW. Alors que d'autres failles normales de direction N40-50° montrent une extension de direction NW-SE. Des fentes de tension remplies

de calcite se développent dans les séries de calcaires du Crétacé. Les fentes de direction NS coupent celles qui sont orientées EW. Des systèmes de fentes conjuguées orientées N110-140° sont affectées par des stylolites orientés NE-SW (site 22).

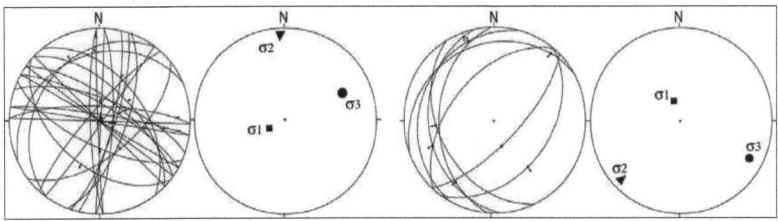

Fig.5.7. Mesures microtectoniques dans les séries valanginiennes (formation M'Cherga) à Ghar Edhbâa (sites 22, 27).

Au niveau du Djebel Kef Ensoura on remarque que les séries calcaires grisâtres, feuilletées et riches en faunes du Crétacé inférieur (Hauterivien-Barrémien) (site 2) sont affectées par un ensemble de quatre failles décrochantes dextres N15-25° à pendage NW et à pitch vers le Nord. La contrainte principale σ_1 déduite à partir des mesures de stries sur ces failles est orientée NE-SW avec un rapport axial R=0.47qui correspond à une déformation plane (Fig. 5.8).

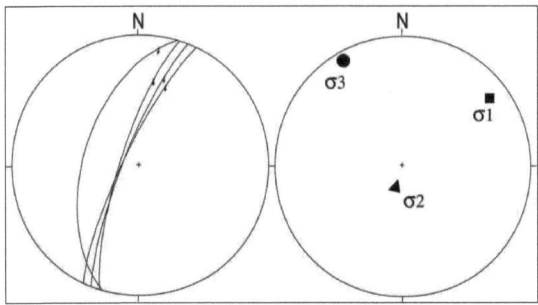

Fig.5.8. Mesure microtectonique dans la formation M'Cherga (Hauterivien-Barrémien) à Kef Ensoura (site 2).

A Djebel Garci les séries calcaires grisâtres, d'âge aptien (site 21) (formation Serdj), sont riches en faunes bivalves, gastéropodes, rostres du bélemnites et des pectinidés, renfermant au sommet des glauconites. Elles sont affectées par des failles subméridiennes, les premières sont décrochantes inverses et des failles normales à pendage vers l'Est qui montrent une compression NW-SE. D'autres failles normales de direction NW-SE et EW prouvent l'existence d'une extension orientée NE-SW et WNW-ESE avec un rapport R=0.73 qui correspond à un aplatissement (Fig.5.9).

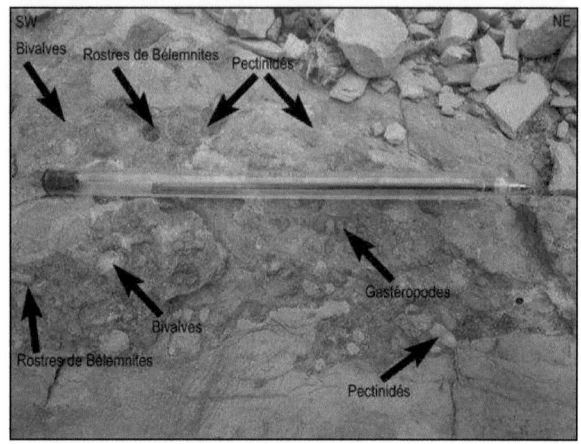

Fig.5.9. Aptien condensé, riche en faunes (formation Serdj) à Kef Ensoura.

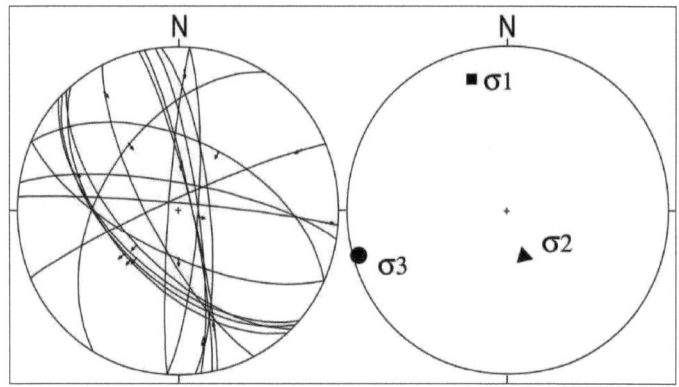

Fig.5.10. Mesures microtectoniques dans les séries aptiennes (formation Serdj) à Djebel Garci (site 21).

Un haut fond s'individualise pendant l'Aptien, de direction moyenne N30° au niveau de Djebel Mdeker et à la côte 323 accompagné par une sédimentation condensée (Fig.5.10, 5.11). Une discordance angulaire intra-aptienne est visible à Kef Enhal. Des failles normales scellées par l'Albien supérieur à Djebel Azreg et à Kef Ensoura et d'autres scellées par l'Aptien supérieur à Kef Enhal traduisent une extension intra-aptienne (Fig. 5.12, 5.13).

Fig.5.11. Failles normales affectant les séries du Crétacé inférieur (formation M'Cherga) et l'Aptien condensé (formation Serdj) à la Côte 323.

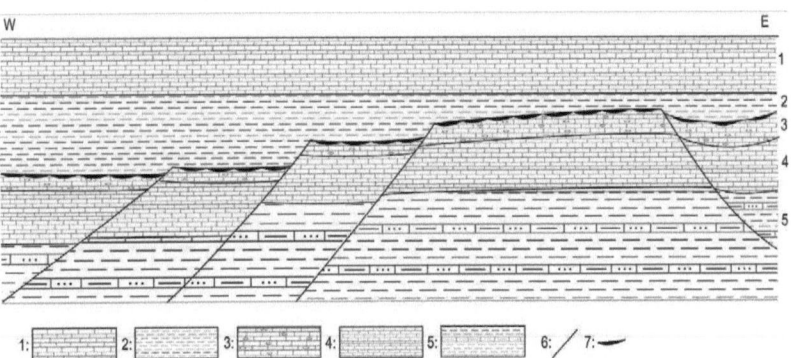

1: ▭ 2: ▭ 3: ▭ 4: ▭ 5: ▭ 6: / 7: ⌁

Fig.5.12. Aptien condensé de la formation Serdj à la Côte 323 (1. Albien-Cénomanien, 2. Aptien supérieur, 3. Aptien Condensé, 4. Barrémien sommital, 5. Barrémien supérieur), 6: faille, 7: surface d'érosion (cf. Fig.5.1).

Fig.5.13. Failles normales affectant les séries de la formation M'Cherga (Crétacé inférieur) scellées par les formations Bahloul (Albien) et Serdj (Aptien) à Kef Ensoura (cf. Fig.5.1).

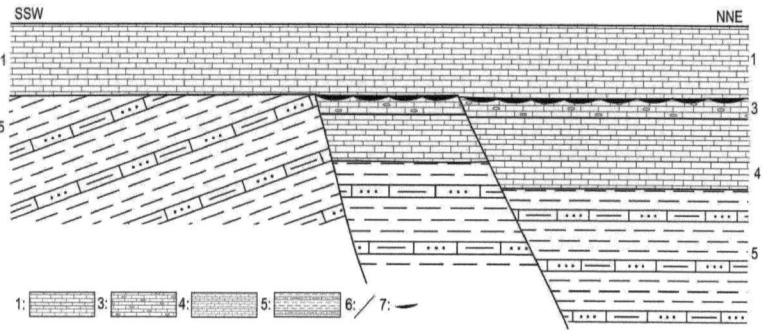

Fig.5.14. Aptien condensé à Kef Ensoura (formations: 1. Fahdène-Bahloul (Albien-Cénomanien), 3. Serdj (Aptien Condensé), 4. M'Cherga (Barrémien sommital, 5. Barrémien supérieur), 6: faille, 7: surface d'érosion.

Des microfailles inverses de direction N110° à pendage Est, se développent à l'intérieur des séries du Cénomanien (formation Bahloul) à Kef Mehjoul (Fig.5.14.). Parallèlement à la contrainte principale, des fractures s'ouvrent et leurs lèvres vont s'écarter et se remplir de calcite: ce sont les fentes de tension. La calcite cristallise parfois en fibres qui s'orientent selon la direction d'allongement. La configuration actuelle des fentes indique un changement significatif du champ des contraintes matérialisant une variation progressive du champ des contraintes depuis l'ouverture de la fente (Fig.5.15). Les fentes et les plans stylolithiques qui sont perpendiculaires se recoupent par endroit. Parfois, un système de fentes "en échelon" matérialise une faille potentielle. La représentation stéréographique des mesures microtectoniques à Ghar Edhbâa (site 20) montre des failles décrochantes dextres subméridiennes et d'autres de direction NE-SW à pendages respectifs vers l'Ouest et le SE et d'autres qui sont orientées EW (Fig.5.16). On remarque d'après ces failles la présence d'une phase décrochante compressive orientée NE-SW et une compression de direction EW à ESW-WNW. Les projections stéréographiques montrent l'existence de phases extensives de direction moyenne WNW-ESE (N100-110°), matérialisées par quatre types de failles normales: (i) subméridiennes, (ii) NW-SE à WNW-ESE dextres (iii) ENE-WSW à NE-SW sénestres mais aussi (iv) inverses. Une phase compressive est orientée NE-SW et une autre de direction NW-SE matérialisée par des failles inverses, décrochantes dextres ou sénestres de direction moyenne N50°et N100-120° qui ont été mises en évidence. Ces anciennes structures sont soumises aux contraintes compressives majeures, de direction NW-SE, notamment celles du Miocène supérieur (phase atlasique). Elles ont subi des déformations plicatives et cassantes, marquées par des chevauchements à vergence est, des rétro-chevauchements à vergence ouest, des structures d'éjection et des plis-failles (Fig.5.17).

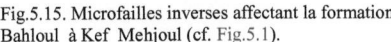

Fig.5.15. Microfailles inverses affectant la formation Bahloul à Kef Mehjoul (cf. Fig.5.1).

Fig.5.16. Fentes de tension prises en compression.

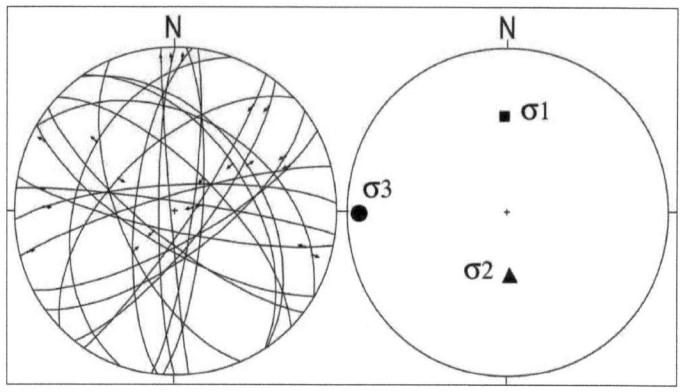

Fig.5.17. Mesures microtectoniques dans la formation Fahdène (Cénomanien) à Ghar Edhbâa (site 20).

D'autres mesures ont été également effectuées dans la région d'Enfidha, en particulier dans la formation Abiod (Campanien supérieur-Maastrichtien), les calcaires Abiod de Djebel Kalb (sites 17) sont affectés par de nombreuses failles normales et inverses de directions et pendages différents. Des failles normales de direction N160-190° montrent une extension de direction WNW-ESE (N110-120°). Des failles inverses qui sont orientées N110-115° à pendage SW et d'autres décrochantes N130-160° à pendage SW. Ces failles témoignent de l'existence d'une compression NW-SE. Le rapport moyen R=0.66 correspond à une aplatisssement (Fig.5.18).

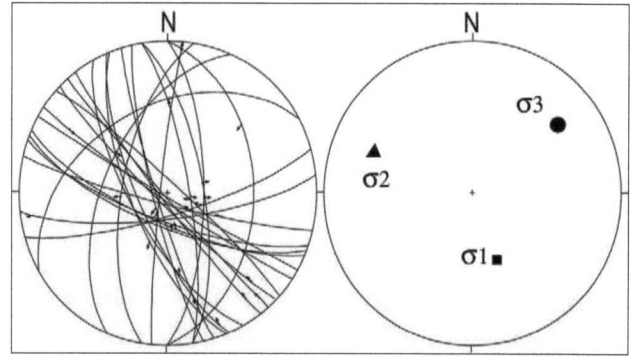

Fig.5.18. Mesures microtectoniques dans la formation Abiod à Djebel Kalb (site 17).

A Djebel Ouker (site 18), la représentation des mesures montrent que les calcaires Abiod sont affectés par des failles inverses de directions NW-SE et à pendages NE et

SW et des failles décrochantes orientées NE-SW qui prouvent une compression de direction NE-SW. Deux failles normales de direction N07° et N108° à pendage Est indique une distension WNW-ESE, une autre faille subméridienne et décrochante inverse montre une compression de direction NS (Fig.5.19).

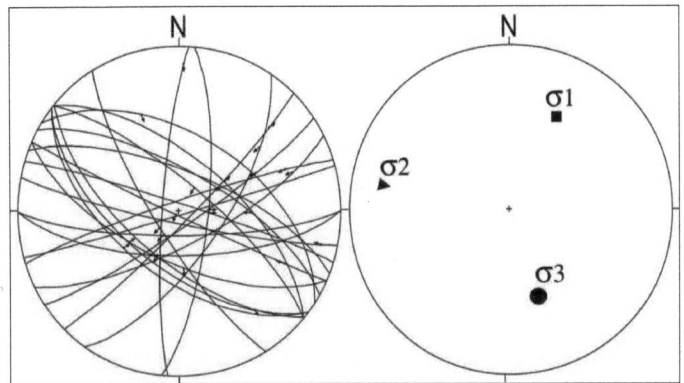

Fig.5.19. Mesures microtectoniques dans la formation Abiod de Djebel Ouker (site 18).

Les calcaires de la formation Abiod de Djebel Kef Ensoura (sites 19, 24) sont affectés par des failles décrochantes sénestres de direction moyenne N10-35° à pendage SE et des failles normales de direction N118-126° à pendage NE et SW prouvent l'existence d'une phase distensive de direction NE-SW. Deux failles normales orientées NS et N35° montrent une extension de direction WNW-ESE (Fig.5.20).

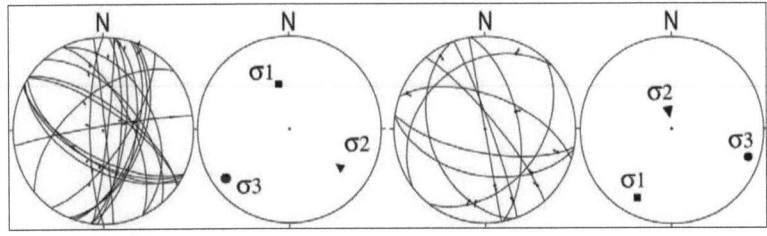

Fig.5.20. Mesures microtectoniques dans la formation Abiod à Djebel Kef Ensoura (sites 19,24).

Au cours du Crétacé supérieur-Paléocène, la plateforme orientale est soumise à un régime distensif donnant lieu à des fossés allongés d'orientation N160° liés probablement à des failles N130° sénestres de type failles transformantes (Bédir, 1995; Khomsi et al., 2004b). L'ouverture de ces fossés est en accord avec les émissions volcaniques décalées en surface et en subsurface au Crétacé supérieur et qui caractérisent par ailleurs cette plateforme orientale. Une compression éocène est à l'origine de la formation des plis à grands rayons de courbures orientés N45-60°. Localement, cette tectonique a pu être accompagnée de manifestations diapiriques.

II.1a. Magmatisme crétacé

Les formations du Crétacé supérieur contiennent des dolérites altérées (Thibieroz, 1974). Le magmatisme a débuté à l'Aptien avec des manifestations plus importantes au Crétacé supérieur.

II.1b. Tectonique éocène

Des mesures sur des séries d'âge éocène (site 23) de la formation Bou Dabbous à Kef Ensoura, montrent des failles décrochantes inverses de direction subméridiennes et à pendages vers l'Ouest (Fig.5.21). Des failles inverses subméridiennes à pendages vers l'Est, des pics stylolithiques et des fentes de tension de direction NS coupées et tordues affectent les calcaires éocènes du Djebel Mdeker (Fig.5.22). Le calcul de tenseur de contrainte (TI) donne une $\sigma1$ verticale et σ_3 horizontale de direction N116° avec un rapport R=0.22 qui correspond à une transpression. Ce qui met en faveur l'existence d'une phase compressive de direction EW. Des pics stylolithiques de direction moyenne EW et N145° se développent dans les calcaires éocènes du Djebel Garci. Les pics N145° coupent les pics EW (Fig.5.23). On met en évidence que la phase compressive de direction EW est antérieure à l'extension NE-SW (Fig.5.24).

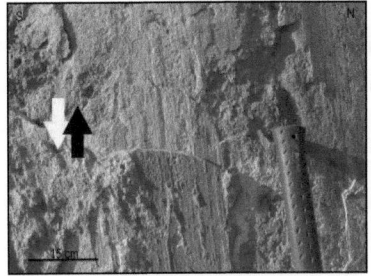

Fig.5.21. Faille décrochante inverse dans la formation Bou Dabbous (Yprésien) à Djebel Mdeker.

Fig.5.22. Pics stylolitiques dans la formation Bou Dabbous (Yprésin) de Kef Ensoura.

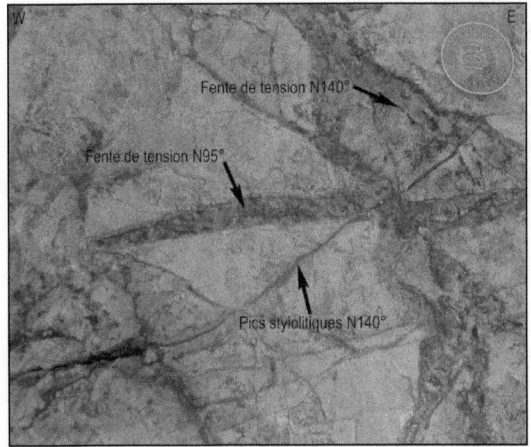

Fig.5.23. Fentes de tension orientées WE se recoupant avec un microstylolite orienté N140°et remplis de calcitedans la formation Bou Dabbous de Djebel Garci.

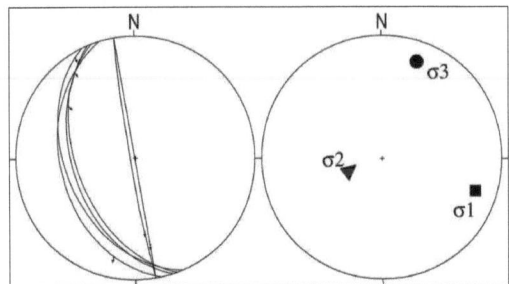

Fig.5.24. Mesures microtectoniques dans la formation Bou Dabbous (Yprésien) à Kef Ensoura (site 23).

II.2. Discordance de la formation Métlaoui sur la formation El Haria

La formation Métlaoui montre des discordances sur la formation El Haria. Des lacunes et des variations des épaisseurs dans la formation El Haria sont associées à une faune remaniée du Maastrichtien dans le Paléocène. A Ghar Edhbâa, la formation El Haria est affectée par des failles inverses métriques scellées par l'Eocène inférieur. Elles témoignent d'une activité tectonique compressive de direction EW post-paléocène et ante-miocène (Fig.5.25).

La représentation stéréographique de toutes les mesures microtectoniques des séries du Crétacé montrent une phase extensive de direction moyenne N110° matérialisées par des failles normales subméridiennes, NW-SE à WNW-ESE dextres, des failles ENE-WSW à NE-SW normales senestres et des failles inverses suite à une compression lors du rapprochement de l'Afrique et de l'Europe. Des réductions de séries d'un flanc à un autre sont à noter pendant l'intervalle de temps Aptien-Eocène au niveau des structures subméridiennes, ce qui met en évidence une extension le long de cet intervalle. Les failles subméridiennes déterminent des structures en horst et en graben de direction moyenne NS, affectés par des failles NE-SW sénestres ou NW-SE dextres qui contrôlent la sédimentation.

Fig.5.25. Faille inverse de direction subméridien dans la formation El Haria (Maastrichtien supérieur-Paléocène) à Djebel Kef Enhal (cf. Fig.5.1).

II.2a. Tectonique oligocène

A Kef El Haj, les séries de l'Oligocène inférieur sont affectées par des failles synsédimentaires. Le plan des failles oxydé a une direction moyenne NE-SW et un pendage SE (Fig.5.26). Une faille kilométrique a été décelée dans l'Oligocène supérieur du Djebel Kless (Fig. 5.1), elle est scellée par la formation d'Aïn Grab. Elle présente un fort pendage vers le Nord et les stries sont à faible pitch vers l'Ouest. Des mesures sur des bancs de grès grossiers de l'Oligocène supérieur ont été effectuées (site 16) (Fig. 5.27). Les stries sont portées par des miroirs des failles couverts d'une croûte ferrugineuses. Les grains de quartz entraînés par le déplacement indiquent facilement le jeu. Elles montrent une phase compressive avec une contrainte σ_1 orientée NE-SW et σ_3 verticale. La détermination du tenseur TI montre un régime compressif avec σ_1 horizontale de direction N205° et σ_3 verticale. La formation Aïn Grab (Langhien) est discordante sur la formation Messiouta (Aquitanien) argilo-gréseuse qui ne renferme pas de figures microtectoniques. Des failles décrochantes dextres et sénestres de direction moyenne N130-150° (site 25) ont affecté les séries gréseuses de l'Oligocène.

Fig.5.26. Grès de l'Oligocène (Fortuna) affectés par des failles de direction moyenne NE-SW à Kef El Haj.

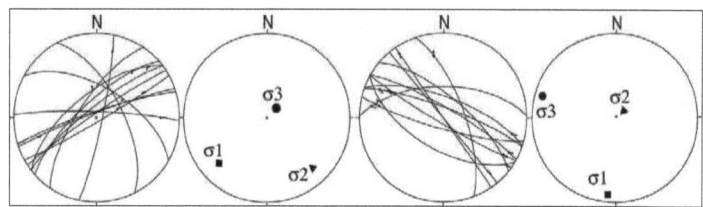

Fig.5.27. Mesures microtectoniques dans les séries de l'Oligocène à Kef El Haj et Djebel Klass (sites 16, 25).

Dans la partie septentrionale du synclinal du Saouaf une tectonique synsédimentaire a été mise en évidence dans les grès de l'Oligocène de la formation Fortuna (site 26). La représentation des mesures microtectoniques montre l'existence de l'alignement de deux familles de failles normales. La première a une direction N40-50° à pendage SE et la seconde est orientée N100-150° à pendage SW. Ces deux familles montrent l'existence de deux phases d'extension orientées respectivement NE-SW et NW-SE. Sur le terrain, les fractures N100-150° coupent les fractures décrochantes senestres de direction N40-50°. On pensait donc que la compression de direction NE-SW (N205°) est post-aquitanienne et ante-langhienne (Fig.5.28).

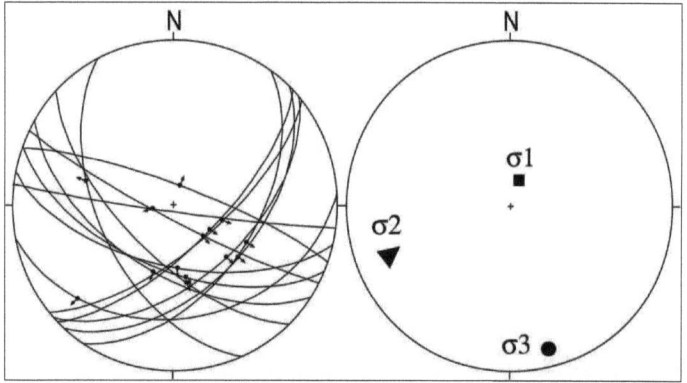

Fig.5.28. Mesures microtectoniques dans les séries de l'Oligocène à Kef El Haj (site 26).

Les séries de l'Oligocène d'Enfidha montrent des variations d'épaisseurs remarquables de quelques mètres entre Takrouna et Jradou, quelques dizaines de mètres sur le flanc oriental du synclinal de Saouaf et de quelques centaines de mètres au niveau de sa terminaison septentrionale (Djebel Hamra) (Fig.5.1). Cette variation des épaisseurs poursuit un alignement de direction NW-SE à la limite des Djebel mentionnées ci-dessus. Les séries de l'Oligocène supérieur dans la partie NE sont plus épaisses que celles de l'Oligocène inférieur au SW de l'alignement. Sur le terrain, cet alignement correspond à un réseau de failles normales de directions N120-135°. Une extension orientée NE-SW, sub-perpendiculaire à cet alignement a probablement accompagné la sédimentation des séries oligocènes. Celles-ci sont affectées par de nombreuses failles. A Djebel Klass et dans la partie ouest du synclinal d'Ermila, des failles inverses sont scellées par les calcaires et les conglomérats de la formation Aïn Grab. Une faille inverse dans le synclinal d'Ermila de direction N120 60SW 70W montre une compression de direction NE-SW postérieur à l'Oligocène inférieur et antérieur au Langhien.

II.2b. Discordance Oligocène/Eocène

La formation Fortuna (Oligocène) est discordante sur la formation Souar (Eocène supérieur). Les structures subméridiennes (Fadhloun, Garci et Mdeker) sont constituées par des terrains allant du Jurassique à l'Eocène supérieur. Les séries oligocènes sont orientés N30° dans le synclinal du Saouaf et N35° dans le synclinal d'Ermila. L'orientation de la fracturation des séries éocènes et crétacées au niveau de Djebel Mdeker est différente de celle formée de l'Oligocène du Saouaf (Fig.5.1). Ce qui laisse supposer l'existence d'une phase tectonique post-éocène et ante-oligocène.

III. Tectonique miocène

Des structures plissées se développent dans les séries miocènes. Elles se présentent sous forme de synclinaux à cœur remplis par des dépôts d'âge serravalien-tortonien. Ces structures sont marquées par la formation Aïn Grab qui présente un bon repère régional. Ainsi vers l'ouest de la région d'Enfidha (Fig.5.1), le synclinal de Saouaf a une direction moyenne N25°. Elle est représentée uniquement par son flanc oriental et une partie de la fermeture septentrionale. Le synclinal d'Ermila est orientée N30° (Fig.5.1). Il est recoupé par des failles EW dextres et des failles subverticales de direction moyenne NW-SE à NNW-SSE présentant un jeu décrochant sénestre. Les failles EW sont moins importantes et décrochantes dextres comme le cas des failles au Nord du Djebel Tire (N95 80N 5E dextre, N98 84N 8E dextre). Une grande faille de direction

N125° à pendage SW délimite le synclinal d'Ermila. Elle présente un jeu normal dextre (N130 50SW 80NW normale, N125 65SW 75NW normale) au niveau du Djebel Kalb (Fig.5.1).

La formation Aïn Grab du Miocène inférieur (Langhien) repose en discordance de 5 à 15° sur les séries de l'Oligocène supérieur et par endroit sur l'Oligocène inférieur (flanc ouest du synclinal d'Enfidha). Elle renferme à sa base des niveaux conglomératiques.

Au SE de Djebel Mdeker, dans la carrière Chérachir les séries calcaires de la formation Aïn Grab d'âge langhien sont affectées par des failles normales et inverses de direction N60-80° décrochantes dextres et sénestres (site 14). Le miroir de faille de direction N70 80NW 30W dextre montre des figures d'arrachement qui renseigne sur la direction du déplacement des couches calcaires. Il montre deux générations de stries portées par le même miroir avec une première génération orientée N70 80N 10E sénestre et une deuxième N70 80N 40E (Fig. 5.29). Le stéréogramme met en évidence des failles de directions diverses. A partir de ces mesures on déduit l'existence d'une phase compressive de direction NW-SE qui a été définie par des failles inverses à stries stylolitisées de direction NE-SW et par une faille EW décrochante inverse (site 14). Les failles décrochantes dextres ou sénestres de direction moyenne N50° et les failles normales N110° définissent l'extension NE-SW. Les plans de failles portants des stries polyphasés montrent que la compression NW-SE est antérieure à l'extension NE-SW. La formation Aïn Grab à Djebel Tir (site 15) est affectée par des failles décrochantes de directions N90° et N170° et à pendage vers le N et le NE. La représentation stéréographique montre un régime compressif NW-SE avec σ_3 verticale et σ_1 horizontale de direction N150°. Le rapport R=0.5 ce qui correspond à une compression (Fig. 5.30).

Fig.5.29. Formation Aïn Grab affectée par des failles décrochantes à Djebel Chérachir (cf. Fig.1.5).

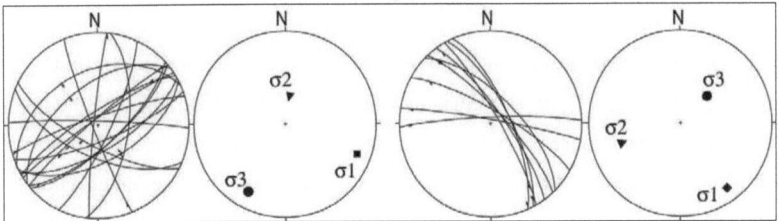

Fig.5.30. Mesures microtectoniques dans les calcaires de la formation Aïn Grab des Djebel Chérachir et Tire (sites 14,15).

Au sud du synclinal du Saouaf, les calcaires de la formation Aïn Grab sont affectés par des failles inverses et décrochantes de direction N20-45° qui montrent une compression de direction WNW-ESE (N110-120°). Des failles normales qui sont orientées N155-165° à pendage NE, prouvent l'extension NE-SW (N40-50°) et des failles qui sont doublement striées montrent encore que la compression N110-120° est postérieure à l'extension N40-50°. Deux familles de pics stylolitiques ont des directions N110-120° et N140-150° (site 10). La faille d'Enfidha ne peut être observée qu'au niveau du Djebel Ktatis (site 11) où elle recoupe la barre calcaire langhienne qui repose en discordance sur les grès de l'Oligocène inférieur à l'est de l'Oued Moussa et au sud de Djebel Bir dans la formation Oum Dhouil. Cette faille n'apparaît pas partout dans la région. Elle est scellée par d'épaisses séries mio-pliocènes et quaternaires. La projection stéréographique mesurée le long de cette faille (site 11), dans les formations Saouaf et

Ségui, montrent la dominance d'un régime compressif décrochant NW-SE post-tortonien inférieur (Saouaf) et ante-Mio-Pliocène (Ségui). La contrainte compressive σ_1 est orientée N287° avec un rapport R= 0.44 qui correspond à une déformation plane (Fig. 5.31).

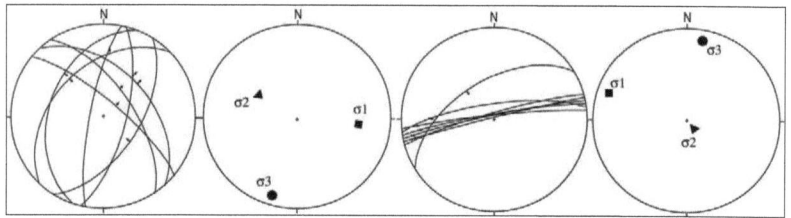

Fig.5.31. Mesures microtectoniques dans les formations Aïn Grab à Saouaf du Djebel Ktatis, respectivement (sites 10, 11).

La représentation graphique des mesures prises sur des séries calcaires d'âge miocène (sites 12, 13) de la formation Aïn Grab à Djebel Bir, montre des failles inverses décrochantes et des failles normales. On en déduit une phase compressive N110° matérialisée par des pics stylolitiques et par des failles inverses de direction N5-10°, décrochantes inverses N100-120° et des pics stylolitiques N120°. Le tenseur commun est médiocre, alors que le tenseur TI calculé à partir des mesures montrent une contrainte σ_1 horizontale de direction N110° et une contrainte σ_3 verticale. La représentation stéréographique des stries qui ont été prises sur des miroirs de failles décrochantes dextres et sénestres de directions N45-70° et une faille normale de direction N100° à pendage SW (Site 13) montre aussi une extension de direction NE-SW. Ainsi le tenseur TN est caractérisé par une contrainte compressive σ_1 verticale et une σ_3 horizontale de direction N130°. Cette direction d'étirement est sub-parallèle à la direction des failles synsédimentaires (formation Béglia). On pense qu'il s'agirait de la même phase tectonique décrite plus haut, qui a engendré cette compression N110° postérieurement à l'extension N30° (Fig. 5.32).

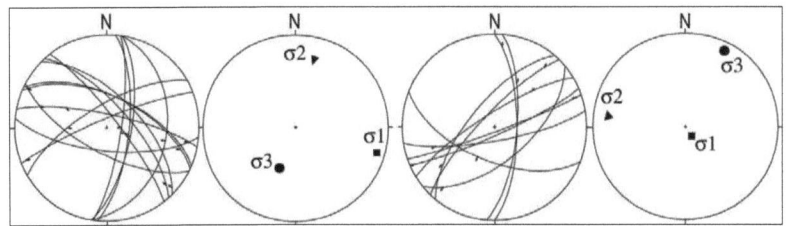

Fig.5.32. Mesures microtectoniques dans la formation Aïn Grab du Djebel Bir (sites 12,13).

Les calcaires lumachelliques de la formation Aïn Grab (site 28) dans le Djebel Kef El Haj sont affectées par des failles normales de direction moyenne NW-SE à pendage NW et une faille normale orientée EW à pendage Nord. Le tenseur de contrainte montre une distension de direction NE-SW avec σ_1 verticale, σ_3 horizontale de direction N42° et un rapport R=0.5 qui correspond à une déformation plane (Fig. 5.33).

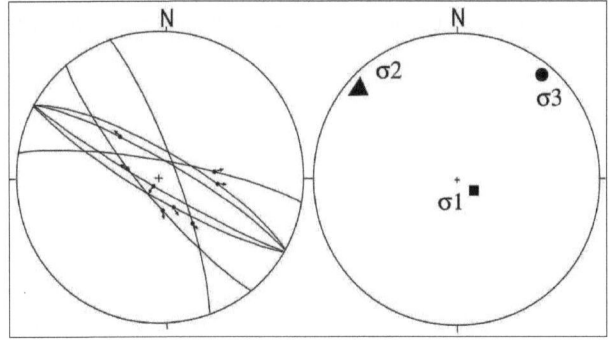

Fig.5.33. Mesures microtectoniques dans la formation Aïn Grab du Djebel Kef El Haj (site 28).

Dans la région d'Ermila, les grès de la formation Béglia (site 8) d'âge miocène supérieur montrent deux familles de failles. Une première qui est constituée par des failles normales ou décrochantes normales et une deuxième qui regroupe les failles inverses ou décrochantes inverses. On suppose que les des deux familles de failles sont compatibles avec une seule phase tectonique. Le calcul du tenseur global donne un résultat médiocre. Le calcul des tenseurs des contraintes TN montre une déformation distensive avec σ_1 verticale et σ_3 horizontale orientée NE-SW (N45°), alors que TI montre une déformation compressive σ_1 horizontale de direction NW-SE (N150°) et σ₃ verticale. On met en évidence deux phases de déformation : une phase compressive, matérialisée par des failles inverses orientées NE-SW et par des décrochements subméridiens sénestres et EW dextres, une deuxième phase extensive définie par des failles normales et des failles dextres normales. On pense que la compression N150° a entrainé la formation du synclinal d'Ermila. Les failles inverses de direction NE-SW sont décalées en dextre par les failles EW, ce qui prouve que l'extension NE-SW est postérieure à la compression NW-SE. Des mesures ont été effectuées sur des bancs gréseux de la formation Béglia dans la partie est du synclinal du Saouaf (site 9). Leur représentation graphique montre des failles inverses de direction NE-SW et à pendage NW et SE, des failles normales à pendage Est et NE et d'autres décrochantes dextres à pendage Nord. Le tenseur de contrainte globale donne de nouveau des résultats médiocres. La compression N110-120° est matérialisée ici par des failles décrochantes de direction moyenne N65° et des failles inverses affectant la formation Ségui. Le calcul du tenseur TI correspond à un régime compressif avec σ₁ horizontale de direction N140° et σ₃ est verticale et TN correspond à un régime distensif avec σ₃ horizontale de direction N45° (Fig.5.34).

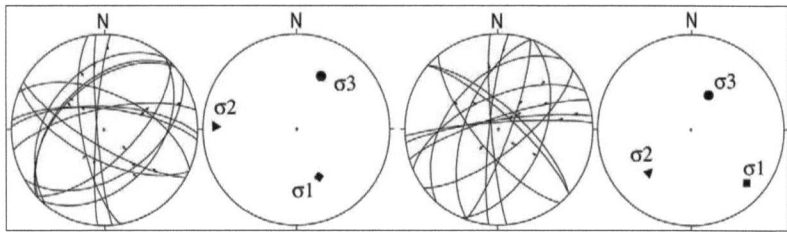

Fig.5.34. Mesures microtectoniques dans la formation Béglia à Ermila (sites 8, 9).

III.1. Compression post-Saouaf (Serravalien supérieur-Tortonien inférieur) et ante-Ségui

La formation continentale Ségui (Mio-Pliocène) repose en discordance angulaire de 5-35° sur toutes les formations antérieures depuis le Jurassique jusqu'au Tortonien inférieur.

III.2. Conclusion

A partir des observations et la représentation stéréographique des mesures microtectoniques on déduit: (i) une extension NE-SW (N45°) qui est synchrone aux dépôts continentaux de la formation Ségui d'âge mio-pliocène. (ii) une compression N140-150° est bien définie à partir des failles inverses à fort pitch, des failles décrochantes dextres à composantes inverse de direction N110-120°, des failles EW dextres et subméridiennes senestres et des pics stylolitiques de direction moyenne N140°. Cette compression qui est postérieure au Tortonien (formation Saouaf) et antérieure à la formation Ségui (Mio-pliocène) est donc à l'origine de la discordance angulaire. Cette compression est à l'origine de la formation du synclinal d'Ermila et des failles de diverses directions.

IV. Tectonique mio-pliocène

Les séries pléistocènes de la région de Saouaf montrent des discordances angulaires avec d'épaisses séries mio-pliocènes de la formation Ségui. Cette dernière est toujours encadrée par deux discordances. Cette formation est affectée par des plis post-Ségui comme la vallée de Sidi Abich qui est occupée par des séries mio-pliocènes continentales plissées en synclinal de direction N20° et à Hméra un synclinal déjeté vers l'ouest et orientée N10°. A l'ouest de Aïn Nasseur, le synclinal est recouvert par le Pléistocène non plissée. La formation Ségui est bien développée dans la région d'Enfidha. A Aïn Batria, la formation Ségui affleure en totalité. Elle est affectée par de nombreuses failles à jeux et directions différents. Ainsi une faille subméridienne inverse à l'ouest de Aïn Batria met en contact les séries oligocènes avec les séries mio-pliocènes et une autre faille inverse N15 72W 85S. Ces failles mettent en évidence une compression de direction moyenne NW-SE. Une faille normale N85 50 N 50E indique une extension de direction NE-SW. Au niveau des structures synclinales d'âge mio-pliocène de Saouaf, Ouled Abdellah et Srafi sont affectées principalement par deux groupes de failles qui sont orientées proche de NS et EW. Des failles synsédimentaires qui apparaissent dans les séries mio-pliocènes sont scellées par des bancs conglomératiques de la formation Ségui. Les séries de la formation Segui (Mio-pliocène) (site 3) de Djebel Khéra sont affectées par un ensemble de failles synsédimentaires N135° et N155° et à pendages respectifs NW et NE avec des pitch forts, scellées par la formation Ségui. Nous avons mis en évidence deux types de failles

N10-15° et N85° décrochantes sénestres à pendage NW et décrochantes dextres à pendage Nord, respectivement. Les mesures sur les stries du site 3 montrent une extension avec une contrainte σ_1 verticale et σ_3 horizontale orientée N235° et un rapport R=0.59, ce qui correspond à une déformation plane suite à une extension NE-SW (Fig.5.35).

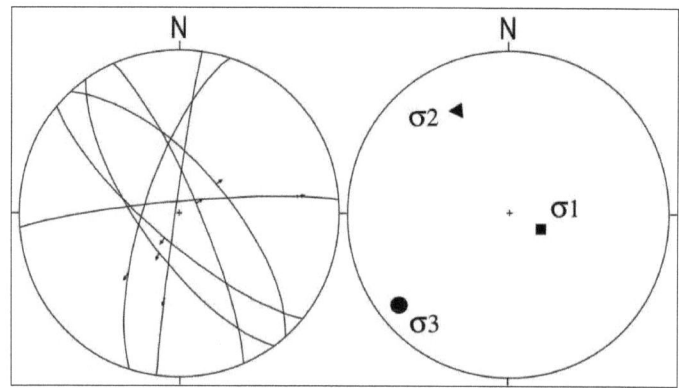

Fig.5.35. Mesures microtectoniques dans la formation Ségui (Mio-Pliocène) de Djebel Khéra (site 3).

Dans les conglomérats de la formation Ségui de la région de Hméra (site 4) des jeux de failles décrochantes dextres et sénestres avec des surfaces de discontinuités irrégulières et un rejet centimétrique à décimétrique ont été mis en évidence. Les failles décrochantes qui ont un pendage inférieur à 30° se répartissent en deux familles, l'une décrochante dextre est orientée N65° et l'autre décrochante sénestre N125° (site 4). On en déduit une contrainte compressive subhorizontale (transpression) σ_1 de direction moyenne N92° avec R=0.50 indiquant une déformation plane (site 4) (Fig.5.36).

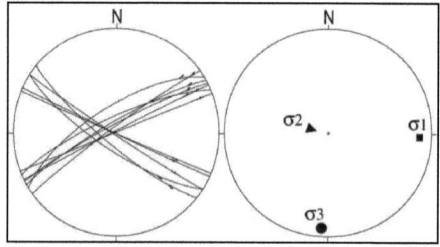

Fig.5.36. Mesures microtectoniques dans la formation Ségui à Hméra (site 4).

98

Au niveau du Djebel Bidane (site 5), dans le synclinal d'Abicha, des mesures de stries ont été prises sur des failles affectant la formation Ségui. Elle est formée par des conglomérats à bancs métriques. Elles montrent des failles normales NW-SE, décrochantes dextres WSW-ENE et décrochantes sénestres WNW-ESE. Le tenseur de contrainte globale est médiocre. La représentation graphique des failles normales TN et des failles inverses TI, montre une extension de direction NE-SW déduite à partir des failles normales orientées NW-SE et des failles décrochantes dextres EW. Les failles dextres inverses de direction N100-120° montrent une compression de direction moyenne N110°. Elles présentent un rejet de quelques centimètres à quelques décimètres (Fig. 5.37).

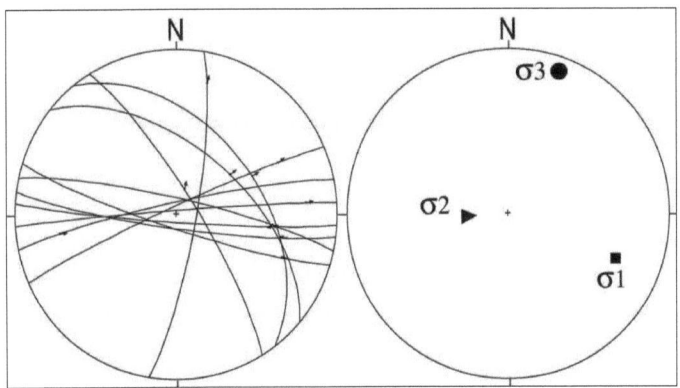

Fig.5.37. Failles décrochantes affectant la formation Ségui dans le synclinal d'Abicha (site 5).

A partir des mesures sur les séries d'âge mio-pliocène (sites 6, 7) de la formation Ségui, on en déduit deux phases de déformation: (i) l'une transpressive N140°, matérialisée par des failles inverses NE-SW et des décrochements NS sénestres et EW dextres, La première est inverse (9 failles) de direction N150-165° et une faille décrochante dextre orientées EW (site 6) (ii) la deuxième phase est transtensive N40°, caractérisée par des failles normales et des cisaillements dextres (10 failles) de direction NW-SE à pendage NE et SW avec des failles dextres normales (site 7). Le tenseur TI montre une compression horizontale σ_1 de direction N118° et une extension verticale σ_3 alors que le tenseur TN donne une compression verticale et une extension horizontale σ_3 de direction N48°. Dans les deux cas σ_2 est subhorizontale avec des rapports R=0.40 et R=0.42 qui correspondent respectivement à une pure compression et une pure extension. On est donc en présence de deux phases différentes dont l'une est compressive de direction NW-SE et l'autre extensive orientée NE-SW. Sur le terrain, les failles inverses qui coupent et décalent les failles normales et des plans de faille doublement striées permettent de mettre en évidence que l'extension N48° est antérieure à la compression N118° (Fig. 5.38).

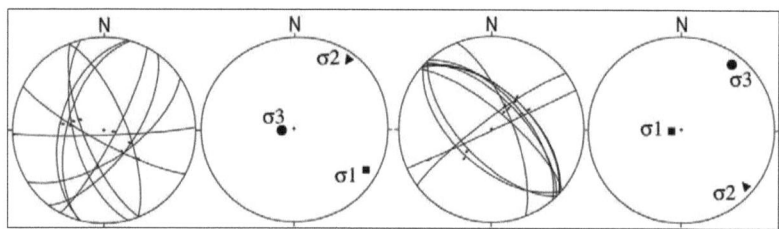

Fig.5.38. Mesures microtectoniques dans la formation Ségui à Djebel El Ogla (sites 6, 7).

IV.1. Conclusion

A partir des données microtectoniques, on peut déduire que la formation Ségui (Mio-Pliocène) est affectée par deux phases de déformation. La première phase est extensive de direction moyenne NE-SW. Elle a été mise en évidence par des failles normales de direction moyenne NW-SE et des failles décrochantes dextres normales de direction N60-85° et des failles subméridiennes décrochantes sénestres. Cette phase a guidé le dépôt de la formation Ségui par la génération de failles synsédimentaires. La deuxième phase est compressive de direction moyenne NW-SE (N120°). Elle est matérialisée par des décrochements dextres et sénestres de directions respectives N60-70° et N120-130°, des failles inverses subméridiennes et des structures plissées orientées N20°. Cette phase compressive a contrôlé le dépôt de la formation Ségui sans affecter les séries pléistocènes. La compression de direction NW-SE (N110-120°) est postérieur aux séries mio-pliocènes et correspond à la discordance du Pléistocène sur la formation Ségui. Elle contrôle la formation des plis de direction moyenne N20° (Hméra) et a entrainé le jeu des failles N120°en décrochement sénestre et les failles subméridiens en failles inverses.

V. Etude de la fracturation

Les roses de fréquence des fractures qui affectent les séries observées sur le terrain, à savoir les formations de M'Cherga à Beglia, d'âge Valenginien à Tortonien respectivement, montrent plusieurs directions de fractures cohérentes (Fig.5.39). On distingue essentiellement trois types de fractures de directions: (i) N300-320° affectant pratiquement toutes les formations, (ii) NS affectant les anciennes formations (Fig.5.39a,b) mais aussi la formation Béglia (Fig.5.39h), (iii) N30° à N70-80° que l'on observe sur d'autres formations (Fig.5.39a-b,d-f).

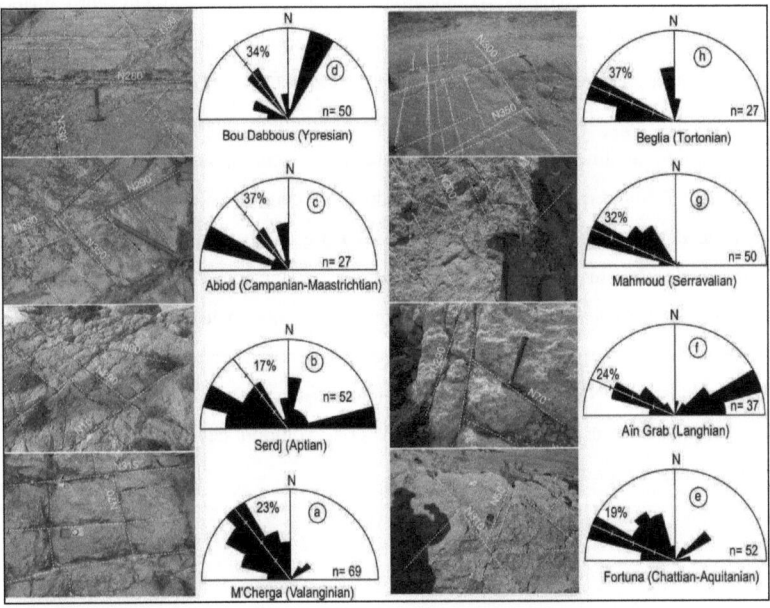

Fig.5.39. Rose diagramme montrant la direction des fractures mesurées sur des surfaces des formations: (a) M'Cherga (Valenginien), (b) Serdj (Aptien), (c) Abiod (Campanien-Maastrichtien), (d) Bou Dabbous (Yprésien), (e) Fortuna (Chattien-Aquitanien), (f) Aïn Grab (Langhien), (g) Mahmoud (Serravalien) and (h) Beglia (Tortonien).

A Kef Enhal, les surfaces des séries Abiod sont affectées par des fractures de direction N100-120° décrochantes dextres et N170-0°, N130-140° décrochantes sénestres, des fentes de tension et des stylolites (Fig. 5.40a,b). La première génération des fentes de tension et des pics stylolithiques qui sont orientés ~N175° nous renseigne sur la direction de la contrainte principale σ_1 alors que la deuxième génération est de direction ~N135°. Le modèle tectonique le plus en accord avec les structures (Fig. 5.40c) correspond à l'existence d'un couloir fragile de direction globale NS, limité par des accidents majeurs. A l'intérieur de ce couloir, les deux directions de fractures pourraient correspondre à des fractures de type Riedel associées au couloir NS avec R' (~N110°) dextre et R et P (~NS) sénestre. Elle correspond à une première phase compressive avec une contrainte principale de direction ~N135° attribuée au Tortonien. Elle a favorisé la genèse et l'inversion des bassins de direction NW-SE. Alors que la seconde phase compressive est de direction NNW-SSE (Fig. 5.40d). On peut l'attribuer au Pliocène selon le modèle de Riedel avec R' correspondant aux fractures de direction NS sénestre, R et P correspondent respectivement aux fractures et aux fentes de tension de direction N110° dextres, un couloir de décrochement de direction moyenne N110° et une contrainte de direction ~NS. La représentation stéréographique des plans des failles (Fig. 5.40e) montrent diverses directions qui ont régné dans cette zone, la direction moyenne des fractures est NW-SE (Fig. 5.40f). Le coulissage serait à l'origine de la création de bassins losangiques de petites dimensions, interférant avec des compartiments soulevés ou basculés. Les bassins reçoivent les dépôts siliciclastiques alternant avec des dépôts carbonatés. Ce modèle proposé est en accord avec les résultats obtenus dans l'axe NS et les régions avoisinantes. Bédir (1988) a annoncé l'importance des couloirs de décrochements NS et EW et l'évolution des bassins de l'Aptien à l'actuel, dans la région du Sahel de Mahdia.

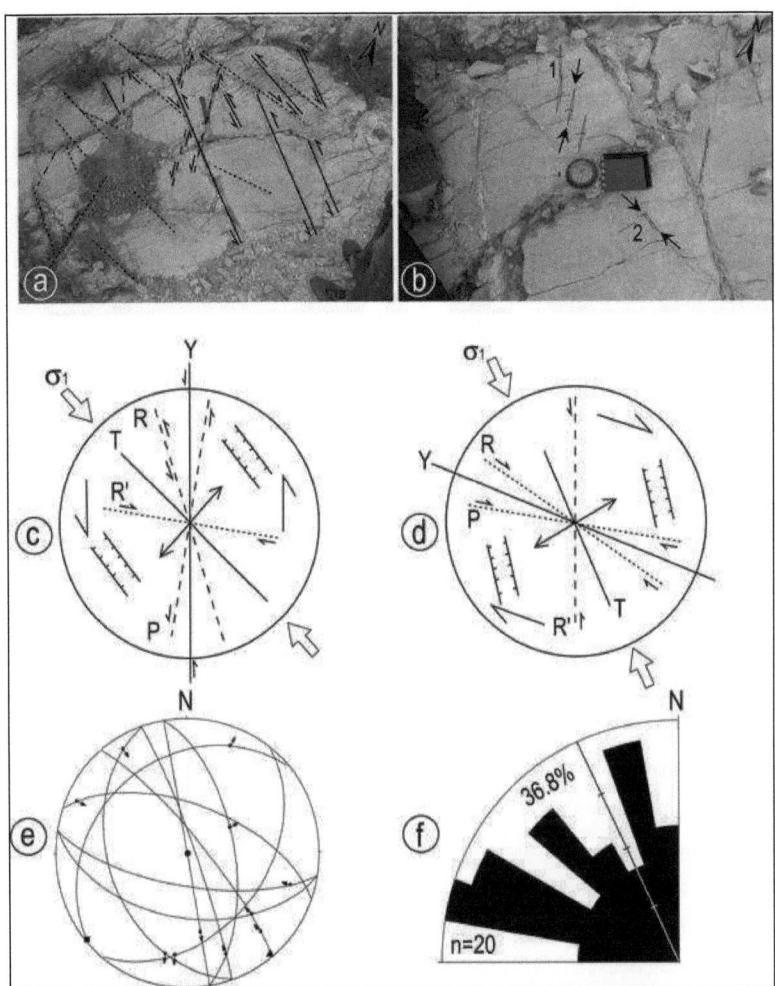

Fig.5.40. Formation Abiod fracturée de Kef Enhal montrant un jeu tectonique polyphasé. **(a, b)** surfaces
montrant diverses directions de fractures, **(c)** compression du Miocène supérieur selon le système
de Riedel avec R' de direction N100-120°dextre et R et P de direction N170-0° sénestre et Y le
couloir de décrochement sénestre de direction NS et σ_1 orientée NW-SE, **(d)** compressive orientée
NNW-SSE du Pliocène avec R' de direction N00° à jeu sénestre, R et P de direction relative
N100-120° dextre et Y l'axe du couloir de décrochement dextre de direction N110° et σ_1 NNW-
SSE, **(e)** plans des failles sur le canevas de Schmidt, **(f)** rose diagramme montrant la direction
moyenne des fractures et de la contrainte.

VI. Conclusion

Au cours de la phase compressive plio-quaternaire inférieur, dont la contrainte σ_1 est orientée NW-SE à NS (Boukadi, 1985; Zargouni, 1985; Bédir et Bobier, 1987; Zouari, 1995 ; Bouaziz et al., 2002; Khomsi et al., 2006; Mzali et Zouari, 2006), les failles N120° ont joué en décrochements dextres inverses. Les failles associées sont remobilisées avec une composante normale pour les directions NW-SE et avec une composante inverse pour les directions EW et NE-SW. Les plis des différentes directions ont été accentués.

Pendant l'Oligocène se développent des bassins localisés, orientés N45° et N90-110° et contrôlés par une tectonique distensive. En effet, la plateforme orientale n'est affectée que par des plis de direction N45°, accompagnés souvent par des failles inverses et associés à des décrochements N90-110° dextres et N160-180° sénestres. Elle correspond à un domaine d'avant-pays qui représente une zone de déformation importante avec charriages et plissements (Haller, 1983; Turki et al., 1988; Hlaiem, 1998; Khomsi et al., 2004b). Dans cette zone les indices d'événements principaux qui ont généré les structures atlasiques sont enfouies sous une épaisse couverture quaternaire (Khomsi et al., 2006, 2007). Elle est considérée comme un domaine stable résultant de l'évolution structurale tertiaire de la Tunisie (Castany, 1951; Turki, 1985). La plaine du Sahel n'est stable qu'en apparence, car elle est recouverte d'une épaisse série plio-quaternaire masquant des structures et des failles majeures. Les plaines orientales adjacentes à l'axe NS sont occupées par des affleurements essentiellement mio-plio-quaternaires (Burollet, 1981; Haller, 1983; Bédir, 1988; Amari et Bédir, 1989). Certaines zones montrent des amincissements et des biseautages de séries liés à des montées diapiriques, particulièrement au niveau des nœuds tectoniques de subsurface (Haller, 1983; Boukadi, 1994; Bédir, 1995). La région d'Enfidha (Fig. 5.1, 5.2) a été influencée par les mêmes événements tectoniques qui ont régné au Sahel. Les structures d'Enfida qui affleurent en surface sont d'âge jurassique à quaternaire, comparées à celles de la plaine du Sahel composées essentiellement de dépôts sableux d'âge plio-quaternaire. Elles sont représentées par un système de plis très complexe qui résulte de la superposition de déformations souples et cassantes (Burollet, 1956). En effet, cette région d'Enfidha, particulièrement "instable", reflète un accident majeur du socle, à la limite de deux domaines paléogéographiques et tectoniques différents. Des travaux de géophysique (Haller, 1983; Bédir, 1995) dans la partie méridionale de la plaine du Sahel ont montré que le Sahel se présente comme un domaine structural compliqué notamment par le diapirisme triasique. Ainsi, les seules données géologiques exploitables dans cette zone sont celles des forages pétroliers et des profils sismiques qui ont permis à Haller (1983) puis à Bédir (1988, 1995) de montrer qu'en subsurface la zone est très faillée et caractérisée par une évolution structurale complexe. Bédir (1988, 1995) a pu individualiser des couloirs de décrochements auxquels sont associés des bassins de type graben et pull-apart.

Chapitre VI: Etude Sismique

I.Introduction

La plateforme de Sahel est considérée depuis longtemps comme un domaine de plateforme mésozoïque qui a subi une importante subsidence par rapport à la Tunisie centrale. Elle constitue en fait une continuité des structures atlasiques de l'ouest, enfouies en subsurface et dont les témoins en surface sont marquées par les chaînes plissées orientées NE-SW. Ces chaînes sont séparées par de vastes plaines à remplissage néogène et quaternaire et dont certaines sont occupées par des Sebkhas. Ce remplissage est lié à la subsidence d'ensemble du Sahel et du bloc pélagien (golfe de Hammamet) induit par l'amincissement crustal visible au niveau du détroit siculo-tunisien. Du point de vue tectonique les couloirs de failles découpant la marge du Sahel présentent les mêmes directions EW et NS (Bedir, 1988; Bedir et al., 1992) que l'Atlas tunisien. Ils constituent globalement la continuité des couloirs de l'Atlas centro-méridional et du Cap Bon-golf de Hammamet. Dans ce domaine, des intrusions de Trias s'observent, en subsurface, le long des structures plissées et faillées. Ce Trias à faciès évaporitiques et salifères a été rencontré dans plusieurs puits pétroliers du Sahel. Les variations structurales et lithostratigraphiques en subsurface sont déduites à partir des données des puits et de la sismique réflexion.

I.1. Données de subsurface

I.1a. Données des puits pétroliers

Les puits pétroliers que nous avons utilisés en onshore et offshore nous permettent d'élaborer des corrélations litostratigraphiques et de suivre l'évolution en épaisseur et en profondeur des différentes couches. Chaque puits est doté de coordonnées spatiales (longitude, latitude), de données de checkshots (profondeur en mètre et en temps double correspondant) et de la description lithostratigraphique (cuttings, carottes) des terrains forés. Les diagraphies de puits sont sous forme d'enregistrements acoustiques: sonic, gamma-ray, potentiel spontané.

I.1b. Données sismiques

On utilise aussi des données sismiques 2D en onshore/offshore qui proviennent de l'Entreprise Tunisienne des Activités pétrolières (ETAP). Les lignes sismiques sont établies par plusieurs missions sismiques, avec des paramètres d'acquisition et des étapes de traitement (Tableau 6.1). Le traitement des données sismiques permet d'améliorer les enregistrements pour l'interprétation des données sismiques acquises.

Acquisition	Traitement
- 3 missions de la Compagnie Générale de Géophysique (CGG, France) en 1970, 1972 et 1984 - 1 mission de Geco Prakla (1993) - Source : charges en explosifs (1 kg ou 20 kg) ou Vibroseis (48, 160) - Pas de tir : 30 m, 100 m - Sweep linéaire, longueur 6 s émettant des fréquences de 8-80 Hz (cas vibroseis) - Pas d'échantillonnage : 2 ms, 4 ms - Nombre de traces : 48, 160 - Couverture : 1200% - Filtrage coupe-haut : 125Hz ; coupe-bas : 1.8 Hz , 2.8 Hz.	- Par CGG en 1984 pour ses missions - Par Geotrace Technologies Inc. (1993) pour la mission de Geco Prakla - Longueur des traces : 5 s - Pas d'échantillonnage : 2 ms, 4 ms. - Démultiplexage, divergence sphérique, filtrage passe-bas, récupération des amplitudes, récupération du gain, filtrage passe-haut, tri en mode CDP, déconvolution, correction statique, analyse des vitesses, correction dynamique, mute, sommation 1200%, déconvolution, corrections NMO, mute après NMO, sommation en CDP, correction statique, DMO, migration, filtrage passe-bande, filtrage du bruit, filtrage en amplitude, amélioration de la cohérence spatiale, égalisation des traces.

Tableau 6.1. Acquisition et traitement des données sismiques

II. Chargement des données sismiques

Les étapes de chargement des données sismiques consistent tout d'abord à créer un projet (i) chargement des données sismiques 2D en format SEGY (Plan de navigation, ligne sismique 2D), (iii) chargement des données des puits, (iv) création des grilles pour les horizons à pointer. L'opération de calage se fait avec les puits les plus proches des profils à interpréter. L'interprétation des profils dépend des choix des horizons à pointer et la mise en évidence des discontinuités et des failles. La cartographie des failles consiste à corréler les contacts qui existent sur la grille ou la maille des horizons pointés en tenant compte de la géométrie et le style des failles. La phase finale est la cartographie des horizons pointés. Elle consiste à compiler les horizons pointés et visés pour produire des cartes isochrones, isopaques et isobathes et enfin de déduire un modèle géodynamique. L'interprétation des profils sismiques et la génération des cartes ont été réalisés à l'aide des logiciels d'interprétion géophysique *Charisma* et *CPS3* pour les données offshore et *Petrel 2009.1* en onshore.

En subsurface, on peut reconnaître le matériel salifère d'une manière aisée dans les forages pétroliers (logs et diagraphies). En sismique réflexion l'ensemble d'attributs sismiques servent à indiquer la présence d'un diapir dont les plus significatifs sont (Giovanni et al., 1997): (i) les réflexions de type chaotique où il y a atténuation et perte de signal sismique (argiles et évaporites), alternant avec des zones à forte impédance acoustique (dolomies et grès); (ii) une forme structurale en dôme typique séparée de l'encaissant par des failles enracinées dans le substratum et généralement subverticales; (iii) la présence de cap rock sur les dômes; (iv) l'existence de bassins subsidents en forme de dépression qui correspondent à une compensation de la montée diapirique.

Les profils sismiques présentés ont été choisis selon l'importance des structures qu'ils reflètent. Des cartes isochrones aux toits des séries d'âge: (i) crétacé; (iii) éocène; (iii) oligocène; (iv) miocène ont été élaborées en onshore et au toit de la série langhienne et messinienne en offshore. Un modèle géodynamique en 3D est établi à partir de l'interprétation des 4 horizons sismiques (H1-H4) en onshore. L'horizon (H1) correspond aux calcaires crayeux de la formation Abiod (Campanien-Maastrichtien) qui ont une réponse sismique typique et reconnaissable sur la majorité des lignes sismiques. Le faciès montre une impédance acoustique importante, des réflecteurs continus et une amplitude élevée. La formation Métlaoui (H2) (Yprésien) est composée de faciès Bou Dabbous et El Gueria. Elle est marquée par un doublet continu, de forte impédance acoustique. Ce contraste important est dû au fait que cette formation est intercalée entre deux formations argileuses: El Haria au mur et Souar (Chérahil) au toit. La base de la formation Fortuna (Chattien-Rupélien) est matérialisée par un doublet énergique, continu, correspondant aux calcaires gréseux reconnus en forages et à l'affleurement. Les attributs sismiques sont variables ce qui est en étroite liaison avec la nature deltaïque des dépôts. Vers le haut, la série présente des réflecteurs transparents de continuité limitée. Ces réflecteurs correspondent aux alternances d'argiles et de grès de la partie médiane de la formation. Au sommet de la formation Fortuna (H3) (Oligocène) les réflecteurs sont assez énergiques de continuités modérées. Ils correspondent aux corps sableux et gréseux continentaux. Le caractère sismique de la formation Aïn Grab (H4) (Langhien) est très identifiable vue le contraste lithologique carbonaté lumachellique et par endroits gréseux et les formations sus-jacentes (argiles et grès) et sous-jacentes (grès). Ces calcaires compacts de plateforme interne à faible tranche d'eau et de faible épaisseur a pénéplané toutes les séries antérieures. Le second modèle présenté montre l'évolution géodynamique des bassins dans le golfe de Hammamet au

Miocène. Les profils sismiques montrent des déformations syn-sédimentaires de style ductile et cassant. Le style structural est dominé par des structures en fleurs, des décrochements, des blocs basculés et des inversions.

On s'intéresse à l'étude de la région du Sahel et plus précisément à certaines structures typiques et le golfe de Hammamet. On essaiera dans ce travail: (i) d'analyser; (ii) de corréler les phénomènes géodynamiques entre les zones d'affleurement et les bassins enfouis du Sahel/golfe de Hammamet pour (a) suivre les mouvements de blocs structuraux, dégager le style structural de la région et mettre en évidence les éléments et les étapes clés de l'orogenèse dans les bassins d'avant-pays orientaux de la Tunisie et ainsi (b) déduire l'effet de la tectonique et son implication pétrolière.

II.1. Calage aux puits

L'interprétation des profils sismiques commence par le calage sismique. En se référant au carottage sismique du puits et aux données de profil sismique vertical (PVC), on peut caler les horizons qui nous intéressent dans la présente étude.

Ainsi on repère sur les sections sismiques les réflecteurs correspondants au toit des différentes séries géologiques traversées. Les données de calage P=f(temps double) des puits ont été chargées sur station (cf Tableaux 6.2-6.8).

TD:3232 m/MD KB: 26 m	Puits P4		Lignes sismiques
Formation	Profondeur (m/Kb)	Profondeur (m/SSL)	TWT (ms)
Toit Raf-Raf	-	-	-
Toit Oued Bel Khédim	763	737	754
Toit Somâa	859.5	833.5	-
Toit Souaf	1900	1874	1550
Toit Birsa	2269.5	2243.5	1788
Toit Mahmoud	2350.5	2342.5	1836
Toit Aïn Grab	2466	2440	1912
Toit Fortuna	2519.5	2493.5	1938
Toit El Haria	2780	2754	2067
Toit Abiod	3161	3135	2283

Tableau 6.2. Calage au puits 4

TD:3971 m/MD KB: 28 m		Puits P5	Lignes sismiques
Formation	Profondeur (m/Kb)	Profondeur (m/SSL)	TWT (ms)
Toit Raf-Raf	-	-	-
Toit Oued Bel Khédim	800	772	7769
Toit Somâa	934	906	-
Toit Souaf	1975	1947	1592
Toit Birsa	2301	2273	1803
Toit Mahmoud	2367	2339	1841
Toit Aïn Grab	2476	2448	1910
Toit Fortuna	2533	2505	1940
Toit El Haria	2759.5	2731.5	2055
Toit Abiod	2943	2915	2155
Toit Aleg	3297.5	3269	

Tableau 6.3. Calage au puits 5

TD:3131 m/MD KB: 31.1 m		Puits P6	Lignes sismiques
Formation	Profondeur (m/Kb)	Profondeur (m/SSL)	TWT (ms)
Toit Raf-Raf	-	-	-
Toit Oued Bel Khédim	1151	1120	1087
Toit Somâa	1275	1244	1158
Toit Souaf	2124	2093	1702
Toit Birsa	-	-	-
Toit Mahmoud	-	-	-
Toit Aïn Grab	2445	2414	1900
Toit Fortuna	2473	2442	1914
Toit El Haria	2643	2612	2000
Toit Abiod	3036	3005	2196

Tableau 6.4. Calage au puits 6

TD:2904 m/MD KB: 28.6 m	Puits P7		Lignes sismiques
Formation	Profondeur (m/Kb)	Profondeur (m/SSL)	TWT (ms)
Toit Raf-Raf	-	-	-
Toit Oued Bel Khédim	482	454	505
Toit Somâa	793	765	-
Toit Souaf	2272	224	1510
Toit Birsa	-	-	-
Toit Mahmoud	-	-	-
Toit Aïn Grab	2650	2622	1790
Toit Fortuna	2678	2650	-
Toit El Haria	2825	2797	1872
Toit Abiod	2831	2803	1885

Tableau 6.5. Calage au puits 7

TD:2670 m/MD KB: 31 m	Puits P9		Lignes sismiques
Formation	Profondeur (m/Kb)	Profondeur (m/SSL)	TWT (ms)
Toit Raf-Raf	Sea floor	89	100
Toit Oued Bel Khédim	1065	1034	1102
Toit Somâa	1176	1145	1183
Toit Souaf sup	1635	1604	1517
Toit Souaf gréseux	1933	1902	1726
Toit Aïn Grab	2129	2098	1868
Toit Fortuna	2142	2111	1876
Toit El Haria	2298	2267	1962

Tableau 6.6. Calage au puits 9

TD:1907 m/MD KB: 32 m	Puits P11		Lignes sismiques
Formation	Profondeur (m/Kb)	Profondeur (m/SSL)	TWT (ms)
Toit Raf-Raf	113	81	85
Toit Oued Bel Khédim	461	429	482
Toit Somâa	572	540	574
Toit Souaf sup	1025	993	966
Toit Souaf gréseux	1331.4	1299.4	1223
Toit S2	1516.6	1484.6	1366

Tableau 6.7. Calage au puits 11

TD:3461 m/MD KB: 26 m	Puits P12		Lignes sismiques
Formation	Profondeur (m/Kb)	Profondeur (m/SSL)	TWT (ms)
Toit Melquart	270	244	256
Toit Souaf argileux	1270	1184	1090
Toit Souaf gréseux	1682	1656	1456
Base Souaf gréseux	1942	1916	1628
Toit Birsa sup.	1992	1966	1672
Toit Birsa moy.	2035	2009	1704
Toit Birsa inf.	2055	2029	1716
Toit Mahmoud	2075	2049	1728
Toit Aïn Grab	2198	2172	1824
Toit Fortuna	2235	2209	1848
Toit Ketatna	2328	2302	1888
Toit Halk El Menzel	2347	2321	1896
Toit Bou Dabbous	2500	2474	1960
Toit El Haria	2552	2526	1988
Toit Abiod	3361	3335	2532

Tableau 6.8. Calage au puits 12

II.2. Conversion temps-profondeur

A partir des données des puits utilisés précédemment, on suit donc la règle de conversation du temps mesuré au niveau du puits, en profondeur. Si on considère que les matériaux sont clastiques, la vitesse varie linéairement avec le temps. Donc la profondeur varie selon une fonction polynomiale en fonction du temps, selon la loi :

$V_m = V_0 + kt$ V_m: Vitesse moyenne

$V = P(z)/t$ $P(z)$: Profondeur

$V = dz/dt = V_0 + kt$ t : Temps parcouru

$dz = (V_0 + kt) dt$ V_0 : Vitesse initiale

                              k : Constante

$z = \int ((V_0 + kt) dt$

$z = V_0 t + \frac{1}{2} kt^2 + cste,$ $\frac{1}{2} kt^2 = K$

d'où

$$Z = Kt^2 + V_0 t + cste$$

Well name	Depths (m)	OWT (pointé)	OWT (s)	Z (m), mean velocity (ms)
P6	1092.7	0.552	0.47	1979, 528986
P10	949.4	0.456	0.5125	2082, 017544
P7	454	0.266	0.2525	1706, 766917
P9	1034	0.526	0.5535	1965, 779468
P11	737	0.368	0.377	2002, 142857
P4	429	0.28		1532, 882353
P12	324	0.17		1905, 882353
P5	772	0.39		1979, 487179

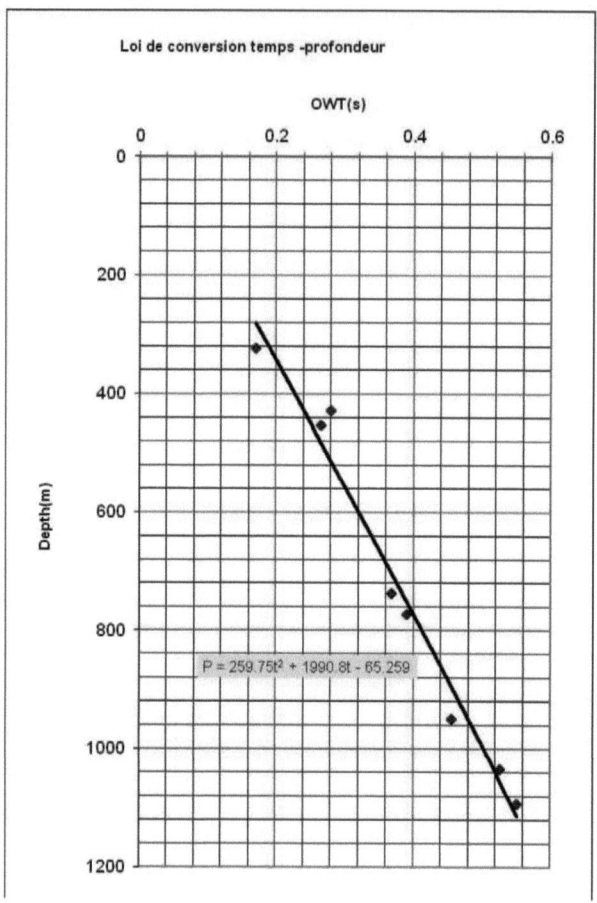

Fig. 6.1. Loi de conversion temps-profondeur

La courbe qui passe par le maximum de points, représente la fonction polynomiale du second degré : $y = ax^2 + bx + cste$. Cette équation donne la profondeur en fonction du temps simple (Fig. 6.1). Elle est donnée par l'équation $z = 259.75t^2 + 1990.8t + 66.259$ qui est appliquée sur la grille du toit de la discordance messinienne pour obtenir la grille profondeur.

(z) : grille profondeur qui s'exprime en mètres.

(t) : grille temps simple au toit de la discordance messinienne qui s'exprime en secondes.

Vu la complexité géologique de la zone d'étude et vu l'effet des zones sus-jacentes à faible vitesse sur la conversion temps-profondeur des horizons plus profonds, on procède donc la méthode de "Layer Cake", dont le principe est le suivant :

En somme,

$$Z_n = V_n (T_n - T_{n-1}) = V_n.t_n$$

$$Z_n = Z_{n-1} + Z_n \quad \text{d'où} \quad \boxed{Z_n = Z_{n-1} + V_n.t_n}$$

Z_n : carte en isobathes au toit de formation Aïn Grab (m).

Z_{n-1} : carte en isobathes au toit de la discordance messinienne (m).

V_n : vitesse d'intervalle ou de tranche en (Aïn Grab-Discordance Messinienne) (m /s).

t_n : intervalle temps entre les deux horizons (Aïn Grab-Discordance Messinienne) (s).

II.3. Pointé des horizons

On dispose tout d'abord d'un plan de position des lignes sismique qui couvre tout le secteur d'étude. Le pointé des horizons consiste à suivre latéralement un horizon sismique, le long d'un profil sismique. L'horizon est bien repéré à travers les données des puits suite à un calage. A partir de l'horizon pointé sur le puits de calage. On commence le pointé des horizons latéralement par maille le long des lignes sismiques qui existent sur le plan de position, puis on s'étale vers les zones les plus lointaines. Pour chaque maille les pointés doivent êtres embrayés aux croisements, formant ainsi une bonne opération de contrôle d'interprétation et au même temps les failles sont tracés selon leurs significations géologiques.

III. Construction des cartes

Une fois le pointé des horizons sismiques est achevé, on passe à l'établissement des cartes isochrones. Pour cela, il faut tout d'abord placer sur le plan de position, le réseau de failles individuellement sur chaque profil sismique. On passe, ensuite, à la corrélation des failles. L'établissement des cartes s'achève par le report des temps doubles de l'horizon considéré et la construction des courbes d'égal temps de parcours (isochrone).

III.1. Cartes isochrones

La carte isochrone est le résultat de la corrélation des temps doubles sismiques issus d'un même horizon pointé. Les temps en question sont les temps de parcours sismiques. Ce type de cartes nous donne une idée sur les structures géologiques présentes dans la zone.

III.2. Cartes isopaques

La soustraction entre les temps au toit et à la base d'une formation, par exemple, nous permet d'établir sa carte isopaque; sachant la loi de vitesse dans la zone considérée. Ce type de cartes nous permet de voir la paléogéographie de la zone en question. Le carottage sismique consiste à émettre un signal acoustique en surface (airgun, dynamite, etc.) au voisinage du puits et à immobiliser un géophone à une cote donnée pour enregistrer les arrivées directes. Les données de carottage sismique sont fournies soit sous forme d'un listing, soit sous forme d'une courbe profondeur-temps accompagnée des vitesses moyennes correspondantes. Pour pointer un horizon sismique, il est conseillé de commencer avec les profils passant par les forages. Par la suite, l'interprétation est généralisée sur tous les profils tout en respectant la fermeture des mailles.

En pratique, on constate qu'il existe un certain nombre de décalages aux croisements des profils sismiques de l'ordre de quelques millisecondes voire quelques dizaines de millisecondes. Plusieurs causes sont à l'origine de ces erreurs. Notamment, dans le cas d'une géologie assez compliquée avec de forts pendages, la migration après sommation ne corrige pas les horizons sismiques à la même position pour un profil parallèle à la ligne de plus grande pente et celle orthogonale à cette ligne. Plusieurs méthodes sont proposées pour corriger ces erreurs de croisement (méthode des moindres carrées…)

III.3. Interprétation des cartes

Pour qu'on puisse connaître l'évolution des bassins, ainsi que les structures héritées et les failles majeures on doit tout d'abord commencer par la carte de l'horizon le plus ancien en allant vers le plus récent.

Chapitre VII: Interprétation des données sismiques

I. Introduction

L'interprétation des lignes sismiques, des cartes isochrones et isopaques et les corrélations lithostratigraphiques des puits pétroliers en Tunisie orientale (Sahel et golfe de Hammamet), suggère une succession d'événements tectoniques depuis le Crétacé inférieur à l'actuel (Fig.6.1, 6.2). Ces événements contrôlent la naissance et l'inversion des bassins subsidents comblés par des séries éocènes puissantes et syn-miocènes à pliocènes. Des phases compressives de direction NW-SE sont responsables du basculement de blocs et de la création de structures anticlinales et synclinales affectées par de nombreuses failles inverses et décrochantes. L'extension de direction NE-SW guide la formation des structures en grabens, demi-grabens et de vastes synclinaux. Ces événements tectoniques pourraient être liés à l'évolution géodynamique commune des bassins d'Afrique de Nord et de la Méditerranée occidentale en relation avec la cinématique des plaques africaine et européenne.

I.1. Interprétation des données sismiques et des puits pétroliers

L'étude sismique de la région est basée sur les données sismiques qui viennent de l'Entreprise Tunisienne des Activités Pétrolières (ETAP). Ces données ont été réalisées lors de différentes missions par plusieurs compagnies telles que la Compagnie Générale de Géophysique (CGG; France) et Geco Prakla en onshore dans le Sahel et les campagnes sismiques TWT92, EN96 et EN98 dans le golfe de Hammamet. Les lignes sismiques sont calées avec des forages pétroliers les plus proches ou à partir de l'intersection avec d'autres profils. L'interprétation des profils consiste tout d'abord à suivre latéralement chaque horizon. Les horizons pointés correspondent aux séries d'âge crétacé-miocène. On dispose d'une vingtaine de puits pétroliers (onshore/offshore) qui ont été forés par diverses compagnies pétrolières. Seuls les logs lithostratigraphiques ont été utilisés. Le découpage lithostratigraphique au niveau des puits est contrôlé par les données diagraphiques (sonic, gamma ray, résistivité...). Les puits pétroliers disponibles se répartissent sur tout le secteur d'étude et nous renseignent sur la variation en profondeur et latérale de faciès et d'épaisseur.

I.1a. Interprétation des profils sismiques en onshore

On utilise des données sismiques 2D du permis du Kairouan et du Sahel, qui couvrent la zone d'étude (Fig.7.1). Les lignes sismiques sont établies par plusieurs missions d'acquisition et des étapes de traitement sismique. Le traitement des données sismiques permet d'améliorer les enregistrements pour l'interprétation des données sismiques acquises. Les lignes sismiques sont calibrées par des puits pétroliers. Les horizons pointés sont relatifs aux toits des formations: (1) Aïn Grab (Langhien inférieur), (2) Fortuna (Oligocène), (3) Bou Dabbous (Eocène), (4) Abiod (Crétacé). Les profils sismiques présentés ont été choisis parce qu'ils reflètent une image claire des structures en subsurface. Ils coupent ou sont presque orthogonaux aux différentes structures qui les traversent. Après l'interprétation des profils sismiques on effectue une opération de cartographie isochrone des horizons (i) Abiod (Crétacé), Aïn Grab (ii) Bou Dabbous (Eocène), (iii) Fortuna (Oligocène), (iv) Aïn Grab (Langhien).

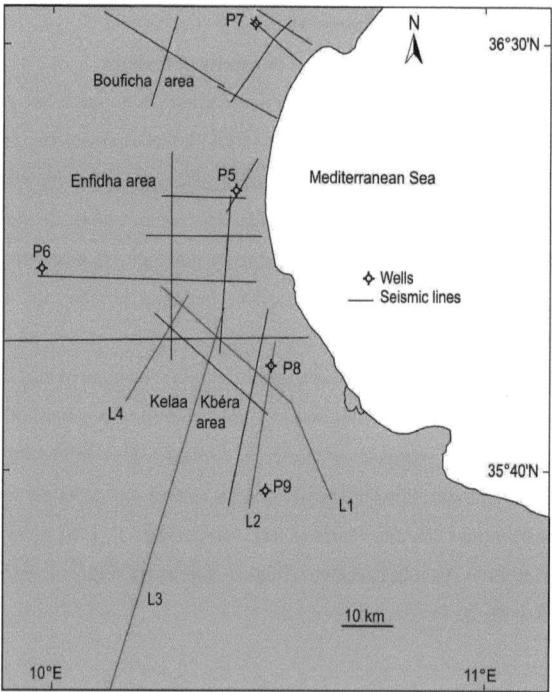

Fig.7.1. Carte de localisation des profils sismiques onshore. L1-L4: Lignes sismiques, P: Puits pétroliers.

Profil L1: Ce profil, de direction NW-SE et de 50 km de longueur, qui recoupe la structure anticlinale pincée d'El Hdadja au Sud, est affectée par la faille d'El Hdadja (F1) (Fig.7.2). Tandis que les failles de Kairouan-Soussse (F2) et Ktifa-Kondar (F5) affectent toutes les séries sédimentaires. L'interprétation des horizons montre le plissement affectant les horizons des calcaires yprésiens, des grès chattien-rupéliens et des calcaires langhiens dans le compartiment nord de la faille. Dans ce compartiment, on peut reconnaître un système de failles inverses dominant qui affecte l'horizon de la formation Abiod formé par des calcaires campanien-maastrichtiens et semble s'amortir dans les argiles paléocènes. L'horizon de la formation Bou Dabbous, qui scelle ce dispositif, permet de situer cette déformation dans le temps, comme post-campanienne et ante-yprésienne. Cette ligne sismique montre des structures anticlinales dissymétriques et l'injection de matière salifère au niveau de Draa Souatir-Kondar par la faille F5. Cette structure montre des bassins subsidents depuis le Jurassique, plusieurs failles observées ont joué depuis le Jurassique et forment des fronts de chevauchements. Ces failles sont subverticales et enracinées dans un substratum ante-triasique. Le système montre des rétro-chevauchements qui sont scellés par les grès de la formation Fortuna. Le jeu des ces failles diminuent du bas vers le haut. Elles jouent le rôle de flexures syn-oligocènes comme faille synsédimentaire. Ce jeu est exprimé par la variation des épaisseurs des séries de l'Oligocène. Ces structures anticlinales sont affectées par des failles qui s'effondrent et basculent les séries du Crétacé et du Paléogène. La partie nord de l'anticlinal de Ktifa montre des structures très complexes. Les horizons ont un aspect chaotique qui est du à la concentration des déformations au niveau de cette zone liée à la montée de diapirs triasiques. Il correspond à un buttoir sur lequel chevauchent des séries crétacées, surmontant ainsi le bassin de Kelbia. Il s'agit d'une tectonique synsédimentaire compressive au cours du Paléogène. Le système de chevauchement hérité a subi des déformations distensives et compressives. Ce système correspond à un bassin syntectonique depuis le Paléogène (Merle et Abidi, 1995; Bonini et al., 2000). Les mouvements ont continué durant tout le Crétacé et le Paléogène. C'est à partir du Néogène que ces mouvements ralentissent avec probablement un arrêt de remontée du matériel salifère au Miocène supérieur, période durant laquelle il commence à s'injecter en lames assurant le décollement de la couverture au niveau de certaines structures.

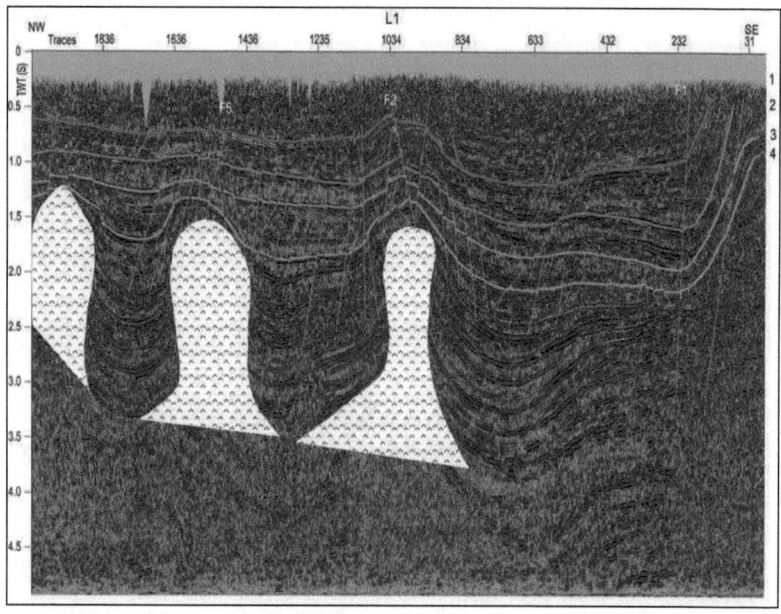

Fig.7.2. Profil sismique L1 de direction NW-SE. (1) Aïn Grab (Langhien inférieur), (2) Fortuna (Oligocène), (3) Bou Dabbous (Eocène), (4) Abiod (Crétacé)

Profil L2: Ce profil de direction SSW-NNE et de longueur de 34 km recoupe les structures enfouies entre Sousse au Nord et Alouan au Sud (Fig.7.3). Il montre deux structures anticlinales pour l'essentiel, séparées par des structures synclinales. Ces structures anticlinales sont délimitées par deux failles majeures F1 au Sud et F2 au Nord (Khomsi et al., 2004a, 2004b). Des structures en fleur sont développées au niveau de F1. Dans la gouttière, les séries post-campaniennes et ante-oligocènes sont plus épaisses que celles au niveau des anticlinaux. On note des variations latérales et en profondeur de ces séries et sur leurs flancs des discordances. De nombreuses failles de directions diverses ont affecté les calcaires de la formation Abiod. D'autres failles, synsédimentaires, ont joué depuis le Crétacé. Elles ont contrôlé le dépôt des séries du Paléogène et du Néogène de part et d'autre des structures plissées. Au voisinage de la région de Sousse-Magroun les calcaires de la formation Abiod, d'âge crétacé supérieur, présentent des discordances et un dépôt anormal des séries sous-jacentes du Paléocène et de l'Eocène telles que la formation argileuse à intercalation des bancs de calcaires d'El Haria, les calcaires de la formations Bou Dabbous d'âge yprésien et les argiles sableuses de la formation Souar. La ligne sismique montre que les horizons de la formation Bou Dabbous et Abiod viennent sceller le dispositif tectono-sédimentaire sous-jacent.

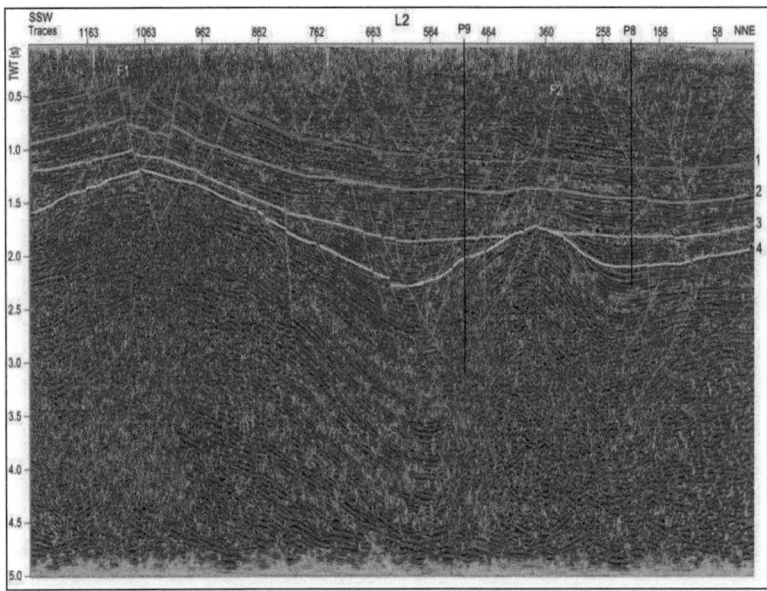

Fig.7.3. Profil sismique L2 de direction SSW-NNE. (1) Aïn Grab (Langhien inférieur), (2) Fortuna (Oligocène), (3) Bou Dabbous (Eocène), (4) Abiod (Crétacé)

Profil L3: Cette ligne sismique de direction SSW-NNE s'étend sur 109 km (Fig.7.4). Elle passe du Sud au Nord par les structures de Ktitir-Sidi El Hani, El Hdadja, la plaine de Kairouan jusqu'à Sebkhet Kelbia. Ces structures se répartissent en anticlinaux séparées par de vastes synclinaux ou dépressions. Ainsi la partie située entre les failles F1 et F2, présente une subsidence étroitement liée à des mouvements tectoniques. En Tunisie orientale, un grand accident (F2) passe de la région de Kairouan-Sousse vers la mer pélagienne à l'Est. Cet accident paraît comme un linéament structural majeur subparallèle à l'accident d'El Hdadja (F1) un peu vers les Sud et qui tend vers l'Est. Ces accidents contrôlent la subsidence et séparent des domaines structuraux de styles différents: ainsi tout le long du tracé de l'accident, nous distinguons alternativement des zones en exhaussement et des zones subsidentes et des plis en relais dans la zone de recouvrement des deux failles bordières des dépocentres de Kairouan-El Hdadja. La faille F2 a engendré un jeu de basculement de blocs vers l'ENE. Ce basculement de blocs a créé un bassin subsident, au moins à partir du Crétacé terminal et ce jusqu'à la fin de l'Oligocène.

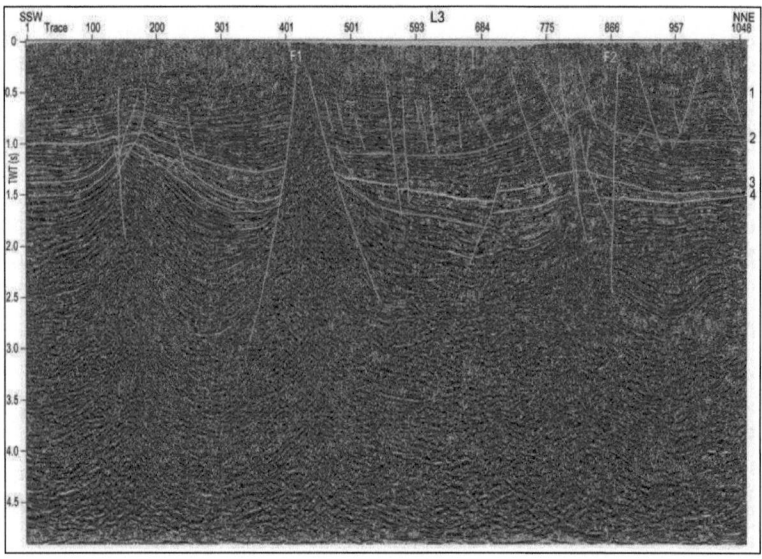

Fig.7.4. Profil sismique L3 de direction SSW- NNE. (1) Aïn Grab (Langhien inférieur), (2) Fortuna (Oligocène), (3) Bou Dabbous (Eocène), (4) Abiod (Crétacé)

Profil L4: Ce profil de direction SSW-NNE s'étend sur 23 km de la région d'Enfidha vers la plaine de Hergla (Fig.7.5). Il montre une structure anticlinale délimitée par deux bassins. Cette structure est affectée par de nombreuses failles qui affectent les horizons depuis le Crétacé jusqu'au Mio-Plio-Quaternaire. Elle montre une surface de décollement de ces séries par l'effet de la montée des diapirs. Le dépocentre de Kondar-Hergla est limité vers l'Est par une structure diapirique scellée par les séries de l'Eocène supérieur-Oligocène. La série de l'Eocène supérieur est discordante sur le toit du diapir. Certaines structures montrent un épaississement et le plissement de la série miocène. La

122

variation des épaisseurs est contrôlée par des failles conjuguées qui ont affecté les structures plissées. Ceci est accompagné par l'érosion des séries antérieures notamment celles du Paléogène. Ces structures montrent le contexte structural de mise en place des intumescences salifères triasiques. En effet, c'est un anticlinal droit, en forme de dôme et globalement symétrique affecté par une faille normale qui effondre la partie Nord de l'anticlinal le long de laquelle s'injecte le Trias salifère. La faille qui limite la structure vers le Nord, est d'allure subverticale. Elle correspond aux accidents affectant toute la couverture sédimentaire allant du Trias au Miocène. Elle continuerait vraisemblablement sous le Trias. C'est donc un accident hérité et profond.

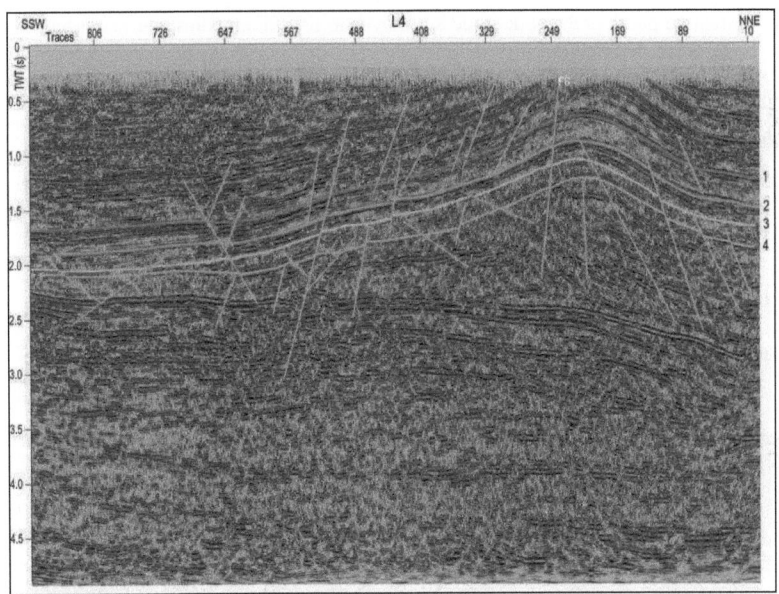

Fig.7.5. Profil sismique L4 de direction SSW-NNE. (1) Aïn Grab (Langhien inférieur), (2) Fortuna (Oligocène), (3) Bou Dabbous (Eocène), (4) Abiod (Crétacé)

I.2. Interprétation des cartes isochrones

I.2a. Carte isochrone au toit du Campanien-Maastrichtien

La carte des isochrones au toit des séries calcaires de la formation Abiod d'âge Campanien-Maastrichtien, montre des failles de diverses directions. Elle montre aussi un approfondissement au niveau des gouttières situées au centre et de l'Est vers l'Ouest de la carte. La profondeur de ces structures varie de -2560 ms en temps double à l'Est et au Centre et à -900 ms à l'Ouest. Ce bassin de direction moyenne EW est délimité par les failles F1-F3 qui sont orientées sensiblement EW à jeux décrochantes. Une importante tectonique transtensive est mise en évidence sur cette carte. Le toit de la formation Abiod remonte et chevauche légèrement le bord septentrional des failles F2 et F5 vers l'Ouest de la carte. Cette formation, composée pour l'essentiel de calcaires qui sont ici intensément fracturés car pris dans une zone de convergence de failles majeures coulissantes (Fig.7.6). Elles sont délimitées par les failles F1-F3, de la région de Magroun au Sud passant par le bloc d'Alouan jusqu'à Sebkhet Kelbia et la région d'Enfidha au Nord. Au Nord de la carte les failles ont une direction majeure EW qui délimitent de petits grabens de direction moyenne EW, d'après les courbes isochrones. Les failles F3 et F4 limitent des horsts fortement fracturées par des failles de diverses directions, EW, NW-SS et NE-SW. Les profondeurs au niveau de ces horst varient de -600ms à -1000 ms d'Est en Ouest.

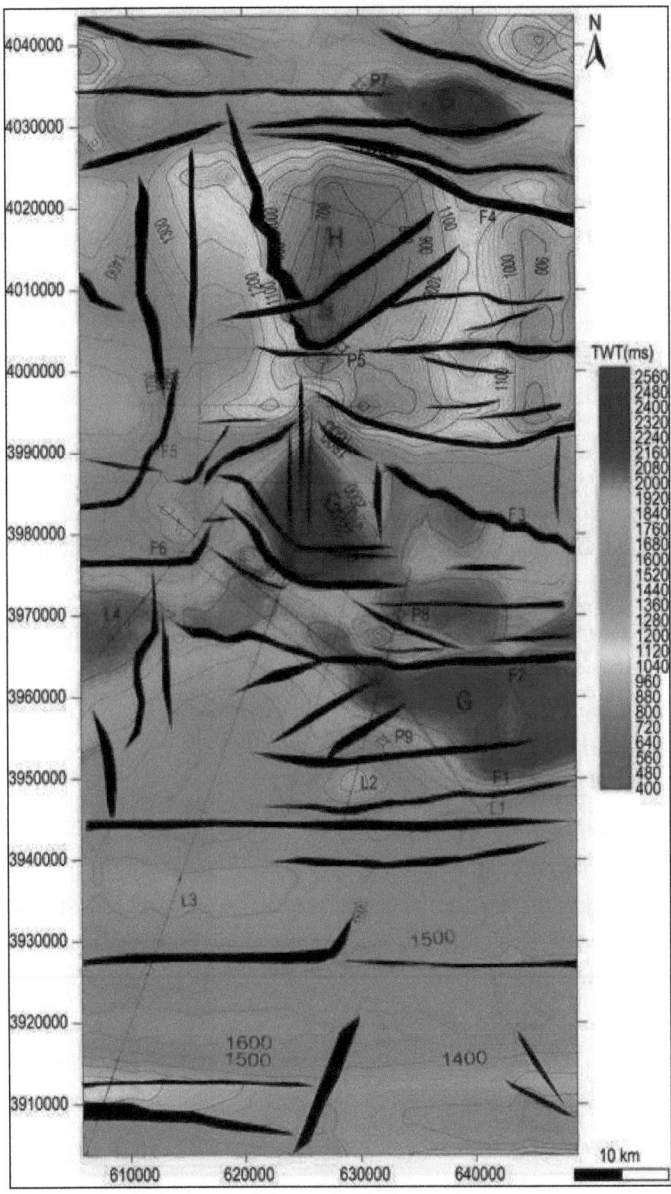

Fig.7.6. Carte isochrone au toit du Campanien Maastrichtien. L1-L4: lignes sismiques, F1-F6: Failles, P: puits pétroliers.

I.2b. Carte isochrone au toit de l'Yprésien

La carte des isochrones de l'Yprésien (Fig.7.7) montre des bassins très subsidents du Sud au centre dont la profondeur varie de -900 ms à -1900 ms puis se rétrécie vers le Nord pour atteindre -200 ms. Elle montre que la zone est affectée par de multitudes failles de directions EW, NW-SE, NE-SW (F1-F5). Ces failles ont été héritées depuis le Crétacé. Les dépôts yprésiens se font dans un bassin structuré au cours du Crétacé et du Paléocène. Les mêmes structures continuent à jouer à l'Yprésien. Les réflecteurs relatifs aux séries de l'Yprésien montrent des biseaux et des discordances au niveau des structures plissées. Le croisement de failles majeures de diverses directions a empêché le plissement par la montée des diapirs. Au centre les structures sont morcelées par des failles NW-SE à EW créant des zones de coulissements. Ces failles sont réactivées en inverse et assurent le soulèvement des blocs. Ainsi les structures qui étaient profondes ou sous forme de synclinaux se déforment en anticlinaux NE-SW et deviennent moins profondes. Les bassins se rétrécissent et des plis apparaissent. Des réseaux de failles s'édifient sur les bords des bassins d'Est en Ouest. Ces failles NW-SE à EW découpent le bassin le long de décrochements majeurs. Des failles inverses (F5) surélèvent les bassins vers l'Ouest. Vers l'Est du secteur, la direction des courbes isochrones devient NS avec une pente faible et d'allure constante. Alors que vers le NE la pente des courbes s'accentue surtout au niveau de la faille F4 qui sépare des structures profondes sous forme de bassins et un autre en anticlinal soulevé.

I.2c. Carte isochrone au toit de l'Oligocène

Cette carte montre que les séries de l'Oligocène s'approfondissent du Sud au Centre (-900 ms à -1700 ms). Des failles de directions EW, NS et NW-SE dominent cette zone. Les courbes isochrones sont orientées EW avec développement de structures plissées au Nord des failles. Vers le Nord les courbes isochrones sont moins profondes (-500 ms) et ont une direction NS séparées par des failles. Des failles normales NS se développent suite à une extension localisée et des portions de bassins transportés au cours de l'Oligocène. Au centre les bassins sont découpés par des failles EW donnant une allure losangique à ces bassins (Fig. 7.8).

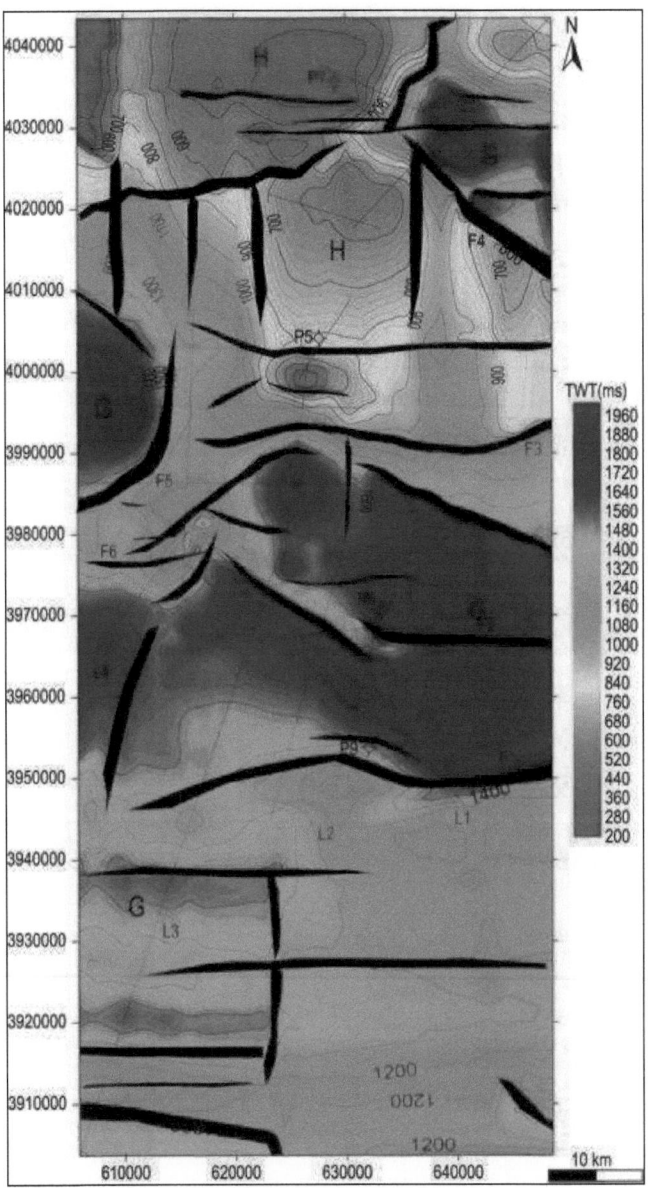

Fig.7.7. Carte isochrone au toit du de l'Yprésien. L1-L4: lignes sismiques, F1-F6: Failles, P: puits
pétroliers.

127

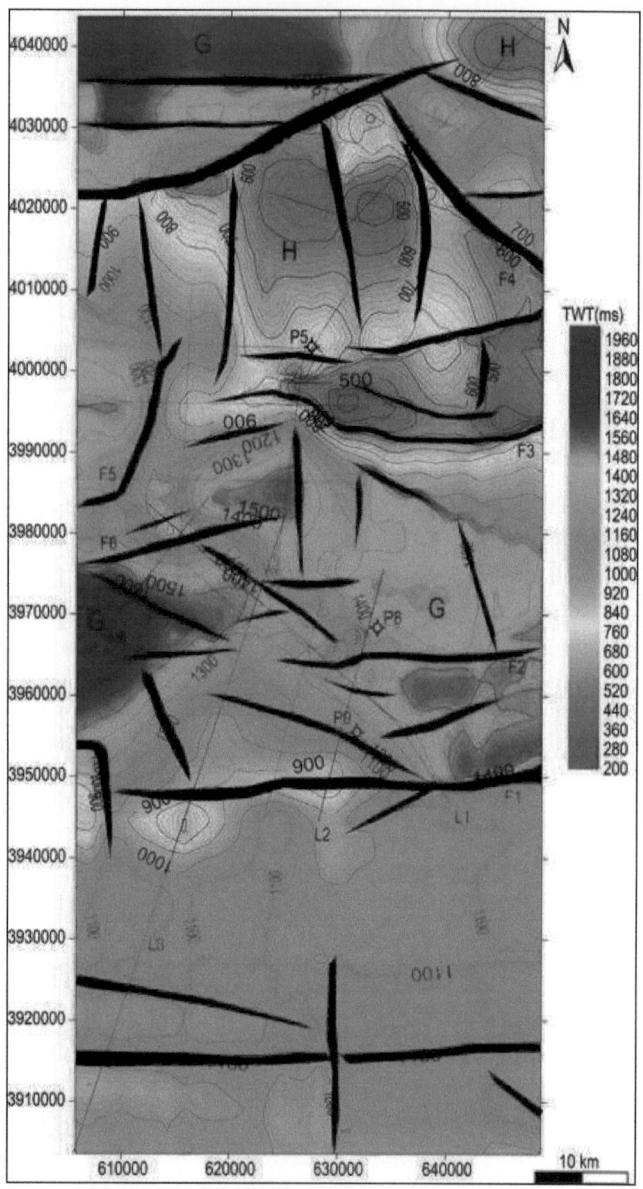

Fig.7.8. Carte isochrone au toit de l'Oligocène. L1-L4: lignes sismiques, F1-F6: Failles, P: puits pétroliers.

I.2d. Carte isochrone au toit du Langhien

Cette carte montre une partie qui s'approfondit vers le Sud avec dominance des failles EW et rare NS. Les courbes varient de -800 ms à -1600 ms. Elles présentent des directions EW au centre et NS à NE-SW au Sud. L'ensemble est dominé par des failles de direction EW à NW-SE. Vers le Nord de la zone, les horizons sont moins profonds et varient de -300 ms à -550 ms. De nombreuses failles héritées (F1-F6) depuis le Crétacé ont contrôlé le dépôt des séries miocènes suite à une transgression généralisée. Ces séries sont fracturées en horsts et en grabens de direction EW à NW-SE par l'effet des failles normales suite à une extension de direction NE-SW (Fig.7.9).

Les variations des épaisseurs et des faciès des séries du Crétacé au Néogène sont en relation avec des failles majeures (Fig.7.10). Ainsi, d'après la modélisation 3D des données sismiques, on remarque des inversions de bassins du Crétacé au Miocène. L'existence de couloirs de failles suivant les directions EW, NW-SE, NE-SW et NS, contrôlent le remplissage de ces bassins. En revanche, ces failles ont induit un découpage en pull-apart. A titre d'exemple, les failles EW ont un rôle important en Tunisie orientale, elles représenteraient les manifestations de la rotation anti-horaire du bloc apulien.

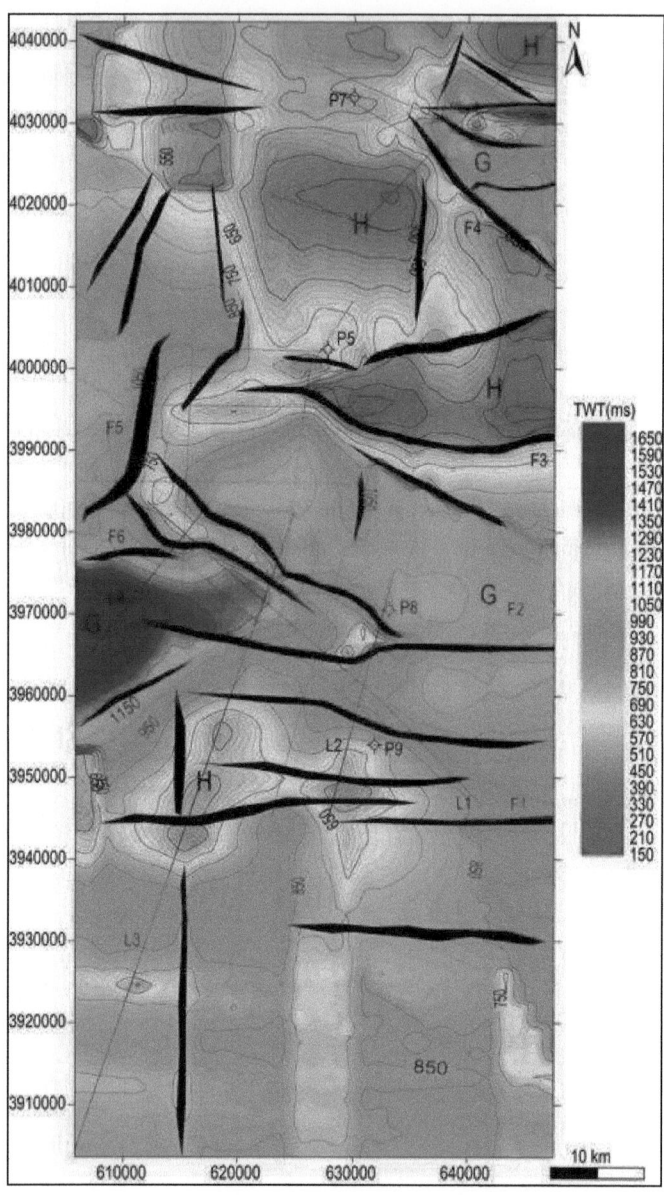

Fig.7.9. Carte isochrone au toit du Langhien. L1-L4: lignes sismiques, F1-F6: Failles, P: puits pétroliers.

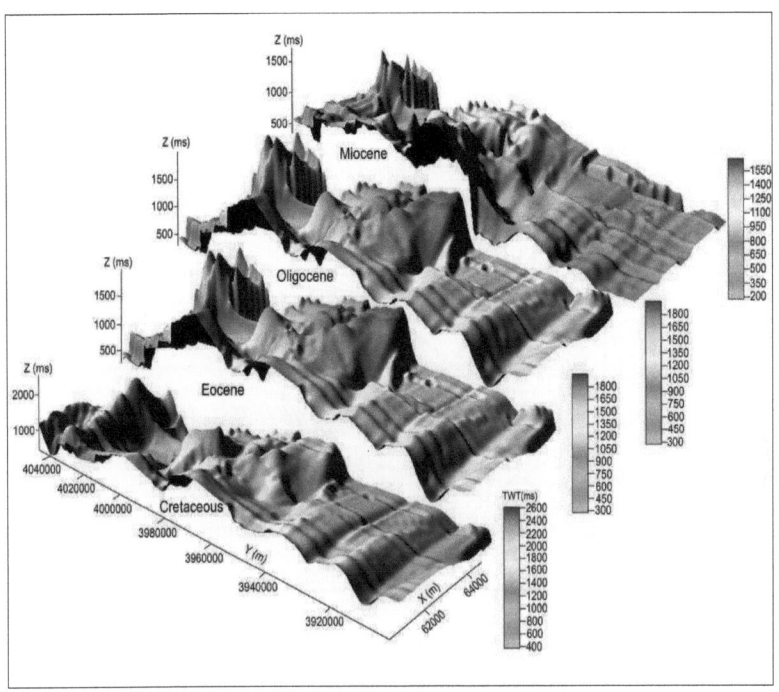

Fig.7.10. Modèle géodynamique de l'évolution du bassin de Sahel Campanien-Maastrichtien-langhien.

I.3.Corrélation des données des puits pétroliers

Chaque puits de calage est doté de coordonnées spatiales (longitude, latitude), de données de checkshots (profondeur en mètre et en temps double correspondant) et de la description lithostratigraphique (cuttings, carottes) des terrains forés. Les diagraphies de puits (sonic, gamma-ray, potentiel spontané,...) et les données lithostratigraphiques de ces puits servent à des corrélations entre puits (Fig.7.11).

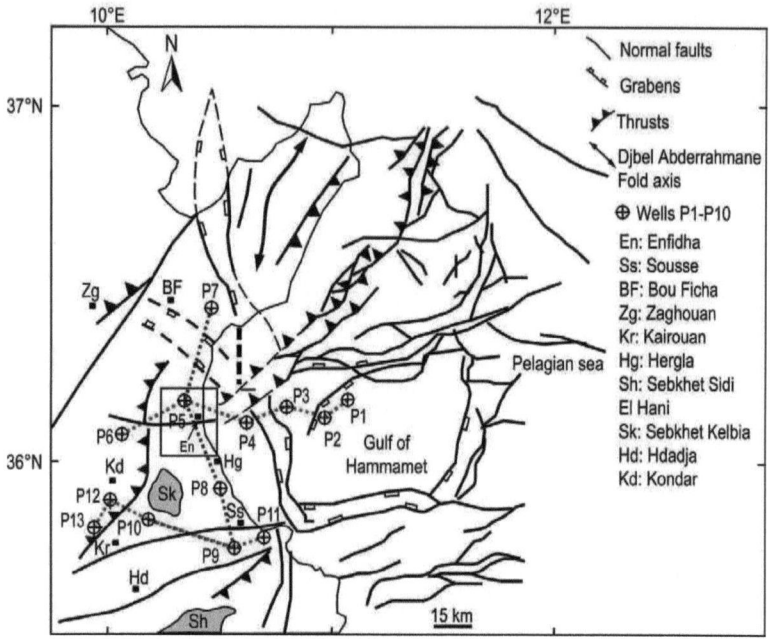

Fig.7.11. Carte de localisation des puits pétroliers et des corrélations lithostratigraphiques.

La corrélation lithostratigraphique entre les puits pétroliers EW du golfe de Hammamet (offshore) vers la plateforme de Sahel (onshre) montre d'épaisses séries argilo-gréseuses à sableuses (P1, P2, P3) d'âge Miocène (Fig.7.12). Ces séries peuvent atteindre plus de 3000 m d'épaisseur. Elles sont encadrées par deux discordances majeures des calcaires Aïn Grab (Langhien) qui reposent directement sur la formation Fortuna (Oligo-Miocène inférieur) suite à une transgression générale. Les séries plio-quaternaires reposent en discordance sur le Miocène supérieur, suite à la compression atlasique au Tortonien qui a créé des structures plissées exposées à l'érosion. Vers le puits pétrolier P4 on remarque un amincissement remarquable et même une absence des séries miocènes. Le puits pétrolier P4 a été foré dans une structure émergée ou anticlinale où les couches les plus récentes ont été érodées, vers l'Est du Graben de Jriba (offshore) qui délimite la plateforme de Halk El Menzel à l'Ouest. Au niveau des puits pétroliers P4-P6 les séries d'âge miocènes sont absents. Sauf qu'au puits P4 on

132

distingue une épaisse série argileuse de la formation Mahmoud d'âge langhien supérieur est discordante sur la formation Fortuna (Oligo-Miocène), l'absence totale de la série carbonatée (Aïn Grab) et de la formation Bou Dabbous d'âge yprésien. La formation Bou Dabbous est discordante sur la formation El Haria (Paléocène). En onshore, un développement très important des épaisseurs et d'élévation des séries du Paléocène et du Crétacé, au niveau du puits P5, les calcaires de la formation Bou Dabbous sont épais et s'amincissent vers le puits P6. Les séries du Crétacé et du Paléocène montrent de nouveau un approfondissement et un amincissement en épaisseur. Les séries éocènes deviennent plus épaisses. On remarque une discordance et une lacune dans les séries crétacées, de la formation Serdj et Sidi Khalif. Cette variation en épaisseur des séries prouve l'existence des inversions tectoniques et des bassins, en rapport avec l'évolution de la direction des contraintes tectoniques du Crétacé jusqu'au Plio-Quaternaire (Fig.7.12).

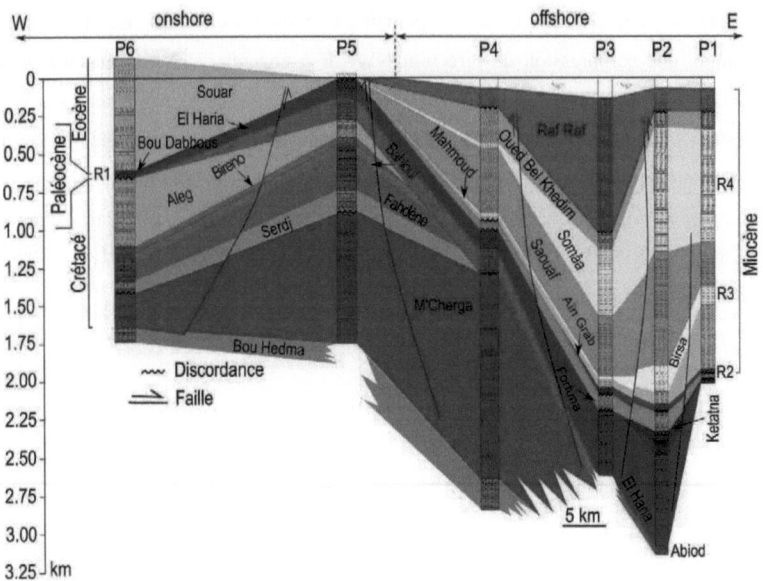

Fig.7.12. Corrélations lithostratigraphiques WE des puits pétroliers dans la plateforme de Sahel et le golfe de Hammamet. P1-P6: Puits pétroliers, R1-R4: Réservoirs.

La corrélation lithostratigraphique des puits pétroliers NS (Fig.7.13), de direction subparallèle aux structures profondes de direction NE-SW de la Tunisie Orientale, montre une variation latérale en faciès et en épaisseur et un approfondissement des séries du Crétacé, du Paléocène et de l'Eocène, du Nord vers le Sud. La formation Souar de faible épaisseur qui affleure en surface au niveau des puits P5 et P7 devient plus épaisse et atteint une profondeur de 1800 m au niveau des puits P8 et P9 et s'amincit puis disparaît vers le Sud (P10). On note aussi d'épaisses séries miocènes du P5, P8-10. Des lacunes sédimentaires sont bien développées (P8), ainsi la formation Oum Douil est discordante sur les calcaires d'Aïn Grab (Langhien), et la formation Aïn Grab repose en discordance sur la formation Fortuna (Oligo-Miocène). La formation Fortuna est limitée par deux discordances, (i) la formation Aïn Grab au sommet et (ii) la formation Souar à sa base qui, à son tour, repose en discordance sur la formation Abiod (Campanien supérieur-Maastrichtien). D'épaisses séries argilo-sableuses (groupe Om Dhouil) viennent se déposer. Au Miocène supérieur (Tortonien-Messinien), lors de la phase atlasique, une compression de direction NW-SE a engendré des plis majeurs et des failles inverses de direction NE-SW, des décrochements dextres orientés EW et sénestres orientés NS ont influencé la variation latérale et en profondeur des séries sédimentaires (formation Segui). Des failles normales synsédimentaires ont été réactivées au Mio-Pliocène par une extension orientée NE-SW. Au Villafranchien, la compression NW-SE a entrainé la réactivation des anciennes failles normales en inverses subméridiennes et des plis de direction N020°.

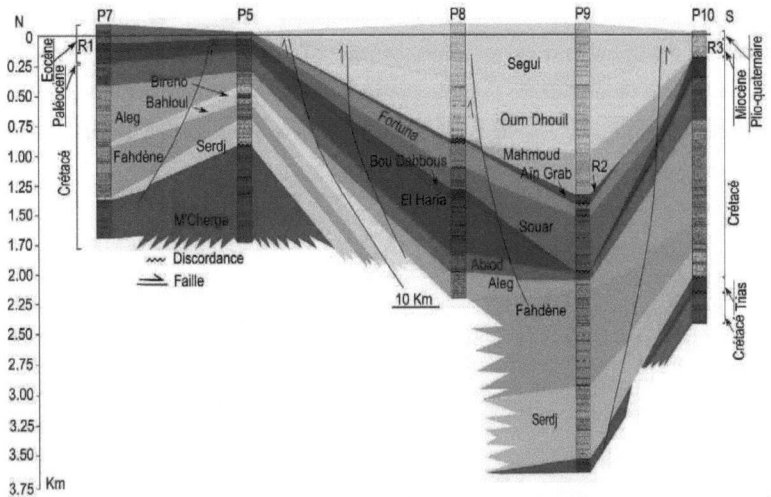

Fig.7.13. Corrélations lithostratigraphiques NS des puits pétroliers dans la plateforme de Sahel.

La corrélation lithostratigraphique des puits pétroliers EW (Fig.7.14) au Sud du secteur d'étude, montre des variations latérale et en profondeur, des discordances et des hiatus sédimentaires des séries lithostratigraphiques du Jurassique jusqu'à Plio-Quaternaire. D'Est en Ouest, les séries stratigraphiques sont bien développées au niveau du puits P11. On note l'approfondissement des séries lithostratigraphiques et l'absence de la formation El Haria (Maastrichtien supérieur-Paléocène) (P9). On assiste donc à des inversions de bassins à partir de l'Eocène. Les séries lithostratigraphiques du Crétacé, du Paléogène et du Néogène sont bien développées dans les puits pétroliers P9 et P11. Alors que les séries crétacées sont développées au niveau des puits P10, P12 et P13 qui sont bien exposées en surface. Une grande faille inverse de direction NE-SW a mis en contact les séries crétacées avec les séries du Paléogène et du Néogène. Biely et al. (1973) pensent que cela traduit la présence d'un haut-fond pendant l'Aptien. Cette structure apparaît contemporaine de la phase tectonique du passage Aptien-Albien, bien connue en Tunisie (M'Rabet, 1981; Ouali, 1985, Saadi, 1997). Ces données indiquent que la sédimentation du Crétacé inférieur accompagne des mouvements tectoniques marqués par le jeu de failles N120°, N170° et N100°. Les corrélations entre les différentes coupes effectuées à Kef Ensoura et sur le flanc nord du Djebel Mdheker (Fig. 2d-f) montrent des variations d'épaisseur pour la série du Crétacé inférieur. Ainsi, les zones à faible taux de sédimentation pendant une période correspondant à un étage donné, se transforment en zones à fort taux de sédimentation pendant l'étage suivant. Ces inversions de subsidence peuvent être liées aux jeux simultanés et différentiels de fractures de directions variables (NS, N140°, N160°) et ce au cours de la sédimentation du Crétacé inférieur.

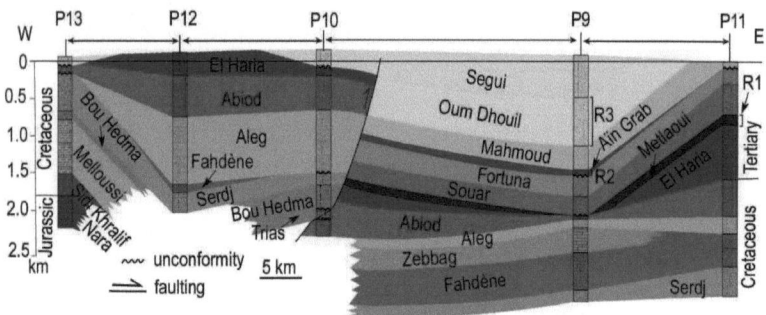

Fig.7.14. Corrélation lithostratigraphiques WE des puits pétrolier dans la plateforme de Sahel.

L'eustatisme influe considérablement dans la nature des faciès, la géométrie et l'organisation des dépôts sédimentaires. De son côté, la tectonique a eu un effet considérable sur l'architecture syn-dépôt des séries sédimentaires. D'autre part, les dépôts des séries de faciès 'bassin' n'ont pas été expliqués au niveau de l'axe NS (formations Abiod et El Haria) considérés pourtant comme un domaine résistant hérité (Burollet, 1956 ; Burollet et Ellouze, 1986). D'importantes lacunes et discordances ont été signalées et rapportées en affleurement au niveau de la dorsale et affectant les séries sédimentaires (Salaj, 1980; Turki, 1985; Saadi, 1997; Rabhi, 1999). Ces lacunes traduisent des évènements séquentiels sous contrôle tectonique et eustatique.

II. Interprétation des données sismiques et des puits pétroliers en offshore

Les lignes sismiques couvrent tout le golfe de Hammamet (Fig.7.15). Elles sont situées sous une tranche d'eau qui varie de 50 à 90 m. Elles sont calées avec les forages pétroliers. Après l'opération de calage on arrive à identifier huit horizons sismiques: (1) Oued Belkhédim (Messinien), (2) Somâa (Tortonien), (3) Souaf (Serravalien), (4) Aïn Grab (Langhien inférieur), (5) Fortuna (Oligocène), (6) Bou Dabbous (Eocène), (7) El Haria (Paléocène), (8) Abiod (Crétacé). Les sept profils sismiques présentés montrent des structures différentes en subsurface. Ces profils sont situés orthogonalement aux différentes structures qui les reflètent. Après l'interprétation des profils sismique on effectue une opération de cartographie isobathe des horizons (i) Aïn Grab (Langhien) (ii) Oued Belkhédim (Messinien).

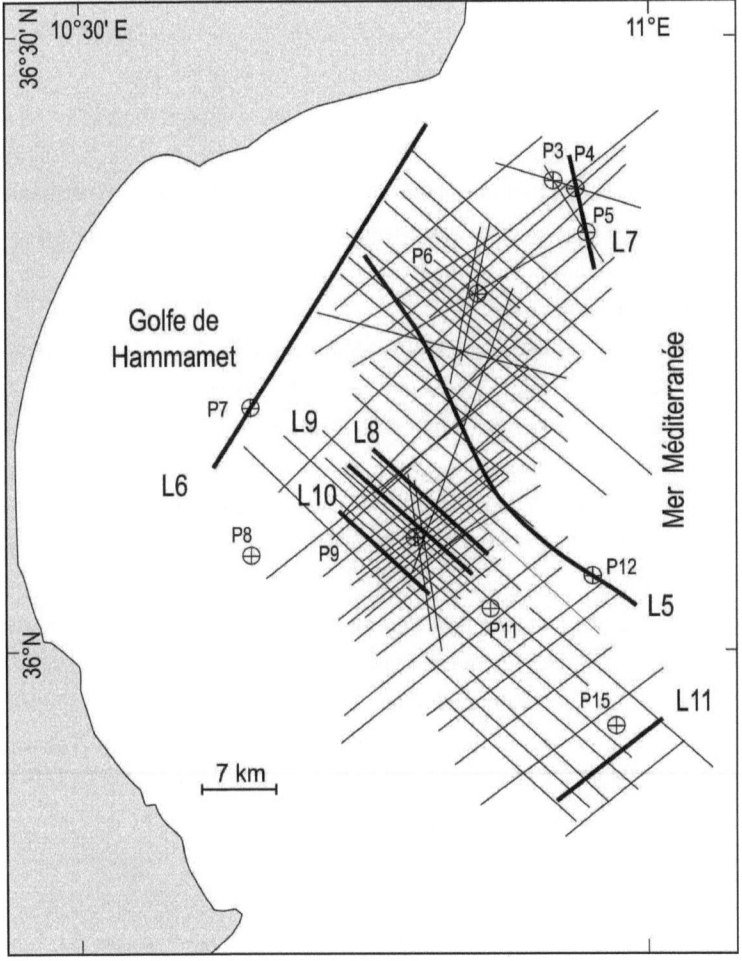

Fig. 7.15. Carte de localisation des profils sismiques dans le golf de Hammamet. P: Puits pétroliers, L7-L11: Lignes sismiques.

II.1. Interprétation des profils sismiques

Dans ce travail nous avons analysé des profils sismiques qui ont été réalisés par les campagnes sismiques TWT92, EN96 et EN98. Ces lignes appartiennent au permis Enfidha à l'Est du golfe de Hammamet où la tranche d'eau en offshore varie de 50 à 90 m. L'acquisition de ces lignes a été établie par la Compagnie CGG qui a utilisé l'Airgun comme source d'énergie, situé à 6 m de profondeur avec un intervalle de 2 ms et 25 m d'intervalle entre points de tir, le plan de référence est le niveau de la mer. La profondeur est exprimée en temps double (TWT en secondes) pour tous les profils sismiques. L'objectif de ces campagnes sismiques est d'étudier les grès du Miocène après les principales découvertes des réservoirs potentiels dans le golfe de Hammamet. Les calcaires de la formation Abiod sont devenus très importants après la découverte de champs pétroliers dans les réservoirs carbonatés de la formation Abiod. Dans cette étude on s'intéresse aux différentes phases tectoniques du Crétacé-Miocène ainsi que leurs effets sur l'inversion des bassins.

Le profil sismique L5 de direction NNW-SSE s'étend sur plus de 40 km et passe par le graben de Jriba au Nord, la plateforme de Halk El Menzel au centre, alors qu'au SE il recoupe le graben de Kuriate (Fig.7.16). Les horizons pointés sur le profil de (1) à (8) d'âge crétacé-miocène montrent que cette zone est affectée par de nombreuses failles normales de direction NW-SE et NE-SW qui ont engendré des structurations en plis, en horsts et en grabens (failles F1 et F2). Des failles n'ont affecté que les séries du Crétacé et du Paléogène, alors que d'autres sont réactivées au Miocène et ont affecté toutes les séries. La partie NW du profil montre des structures plissées alors que plus on s'étend vers le SE plus se développent des structures en horsts et grabens. On remarque que ces structures sont liées aux séries crétacé-miocènes qui s'approfondissent vers le NW du golfe de Hammamet et montre un exhaussement vers le SE au niveau de la plateforme de Halk El Menzel. La série de la formation Aïn Grab du Miocène moyen est affecté par de nombreuses failles normales de direction NNW-SSE et WNW-ESE qui ont engendré des structurations en horsts et en grabens (failles F1 et F2). Alors le Miocène supérieur est caractérisé par une discordance messinienne qui a été affectée par diverses failles normales de direction NE-SW à NNW-SSE. Ces failles ont donné naissance à des structures en horsts et en grabens. Dans ce profil, on remarque que le Miocène présente un aspect chaotique avec la même épaisseur de série du NW vers le SE.

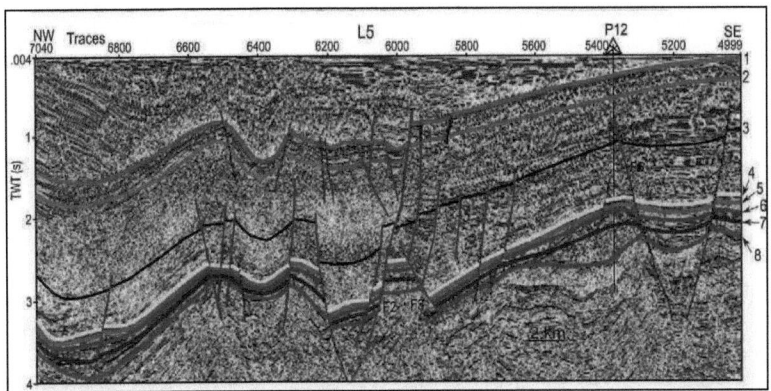

Fig.7.16. Profil sismique L5 de direction NW-SE dans le golfe de Hammamet. P3: Puits de calage, 1-8: horizons sismiques relatifs à, (1) Oued Belkhédim (Messinien), (2) Somâa (Tortonien), (3) Saouaf (Serravalien), (4) Aïn Grab (Langhien inférieur), (5) Fortuna (Oligocène), (6) Bou Dabbous (Eocène), (7) El Haria (Paléocène), (8) Abiod (Crétacé).

Au Miocène supérieur une phase compressive atlasique est responsable de la création des structures plissées et faillées en synforme et antiforme (Fig.7.17). L'élévation de la série miocène vers le SE du profil L5 diminue l'espace disponible pour la sédimentation. En revanche, vers le NW de la ligne sismique L5 l'affaissement et la structuration en synclinal favorise un espace disponible de sédimentation très important pour le dépôt plio-quaternaire où prend naissance le graben de Jriba. Ce graben est délimité par des failles bordières.

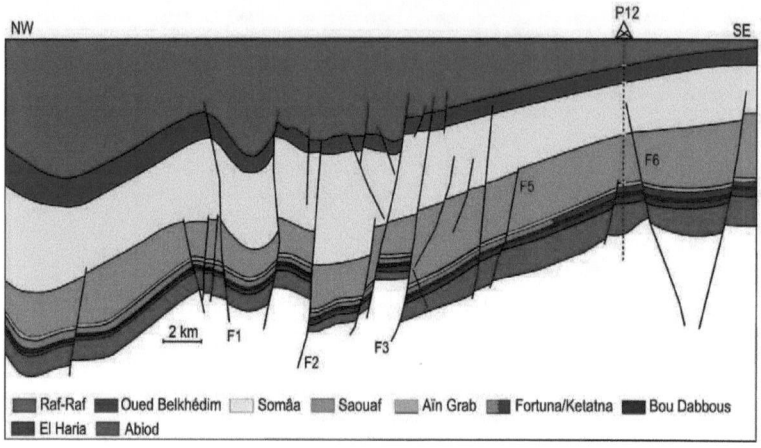

Fig.7.17. Coupe géosismique du profil L5 de direction NW-SE dans le golfe de Hammamet.

Le *profil sismique L6* est orienté NNE-SSW et s'étend sur environ 32 km. Il passe par le graben de Jriba de direction NNW-SSE (Fig.7.18) et montre une structure faillée à épaisseur variable. La partie NNE du profil montre une structure exhaussée ou une antiforme à aspect bréchique ou chaotique qui a subi un maximum de plissement. L'horizon du toit de la discordance messinienne est affecté par de nombreuses failles normales orientées sensiblement ENE-WSW, NNW-SSE et SSW-NNE. Vers le SSE se développe le graben de Jriba qui correspond à une antiforme profonde formée de séries miocènes. L'horizon au toit de la formation Aïn Grab (Miocène moyen) a été affectée par de nombreuses failles normales, alors que la discordance messinienne (Miocène supérieur) qui a été affectée par des failles normales et des surfaces de ravinements sur laquelle sont déposées des séries pliocènes plissées en discordance. En allant vers le SSW du profil sismique on remarque une élévation des séries miocènes qui atteignent presque la surface avec une épaisseur nettement constante en allant vers le continent.

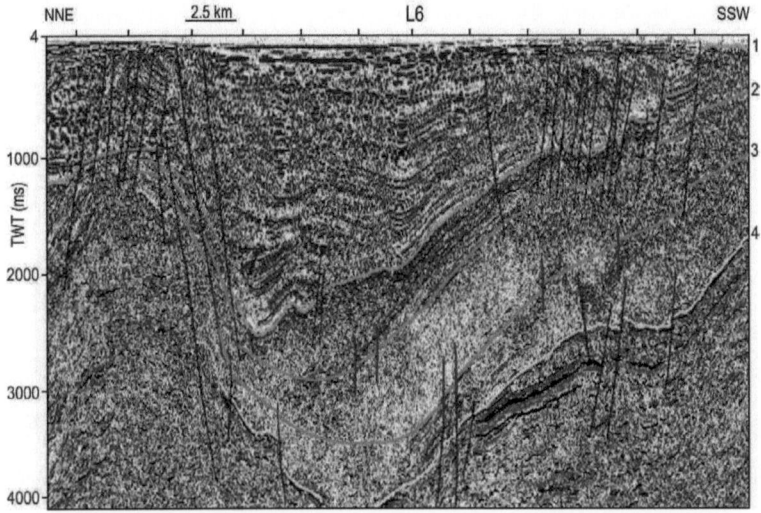

Fig.7.18. Profil sismique L6 de direction NNE-SSW dans le golfe de Hammamet. 1: horizon Aïn Grab, 2: Saouaf, 3: Somâa, 4: Horizon Oued Belkhédim.

Le profil sismique L7 de direction NW-SE dans le golfe de Hammamet et de longueur de 10 km (Fig.7.19) montre deux couches superposées bien individualisées d'âge miocène, plus épaisses et moins profondes vers le NW. Elles s'approfondissent et s'amincissent progressivement vers le SE, et sont affecté par des failles normales de direction NNE-SSW, WSW-ENE. Elles sont surmontées par des séries pliocènes moins épaisses et hautes vers le NW qui s'amincissent et s'approfondissent progressivement vers le SE. Ces failles ont aussi affecté les séries crétacés à miocènes. L'interprétation de ce profil montre que vers le NW les séries miocènes ont été déposées dans un milieu profond, contrairement au SE où le milieu de dépôt est moins profond. On pense donc à une inversion des bassins au Miocène supérieur.

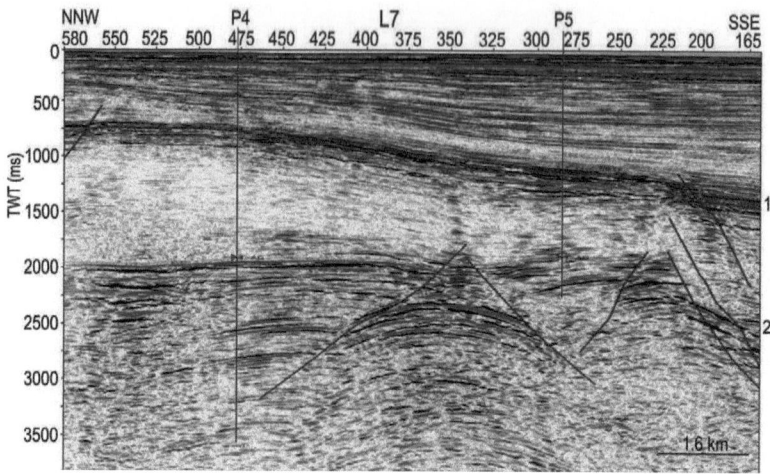

Fig.7.19. Profil sismique L7 de direction NNW-SSE montrant l'inversion des bassins dans le golfe de Hammamet. 1: horizon Aïn Grab, 2: Horizon Oued Belkhédim.

La ligne sismique L8 de direction NW-SE s'étend sur une longueur de 11 km. Elle montre trois compartiments importants qui sont structurés en horsts et grabens (Fig.7.20). L'interprétation sismique montre des séries miocènes effondrées vers le NW qui sont affectées par une faille inverse chevauchante profonde à terminaison en crochon, surmontées par des séries pliocènes plissées. Cette épaisse zone est délimitée par une faille de direction NE-SW qui a joué en normale et a affecté les séries miocènes par fracturation de l'horizon Aïn Grab et des séries sous-jacentes. Cette même faille a rejoué en inverse lors d'une phase compressive au Plio-Quaternaire. Les séries miocènes s'amincissent et s'élèvent progressivement en allant vers le SE, puis s'épaississent de nouveau. Elles sont délimitées par une faille normale au SE qui n'atteint pas les séries du Miocène supérieur.

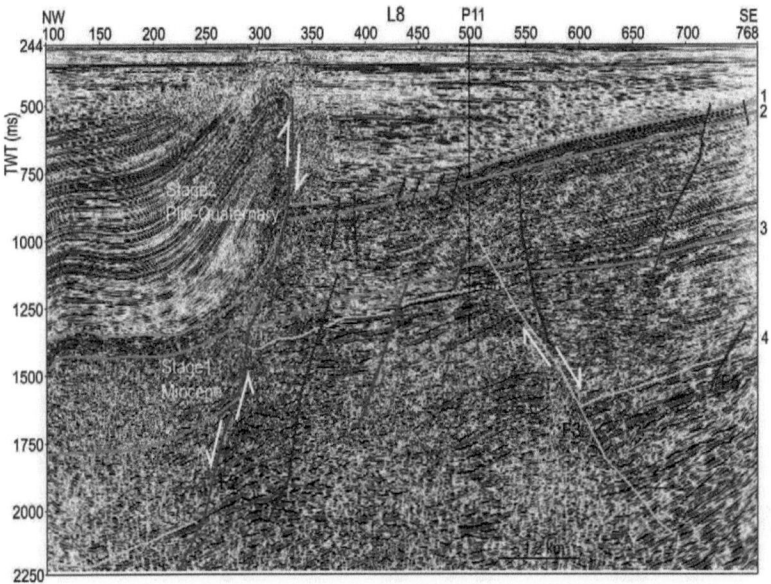

Fig.7.20. Profil sismique L8 de direction NW-SE montrant la compression plio-quaternaire dans le golfe de Hammamet. 1: horizon Aïn Grab, 2: Saouaf, 3: Somâa, 4: Horizon Oued Belkhédim.

Profil L9 de direction NW-SE s'étend sur 14 km (Fig.7.21). Il est situé au centre de la plateforme de Halk El Menzel et passe par les structures El Baraka (Fig.7.21a). Le puits P9, à près de 500 m au SE de cette ligne sismique, a traversé toutes les séries éocènes à plio-quaternaires. Ce profil montre deux structures plissées en pli-failles. Les failles F2-F3 ont affecté tous les horizons (1) Oued Belkhédim (Messinien), (2) Somâa, (3) Saouaf (Tortonien), (4) Aïn Grab (Langhien inférieur), (5) Fortuna (Oligocène), (6) Bou Dabbous (Eocène), (7) El Haria, (8) Abiod (Crétacé). On y observe d'épaisses séries sédimentaires surtout d'âge miocène et pliocène. Les séries du Campanien-Langhien montrent des variations latérales en épaisseur du NW vers le SE (Fig.7.21b). Elles sont plus épaisses dans les parties NW et SE et se rétrécissent au milieu de la coupe, délimitées par les deux failles F2 et F3. On note d'importantes variations d'épaisseurs qui sont remarquables surtout de part et d'autre des failles.

143

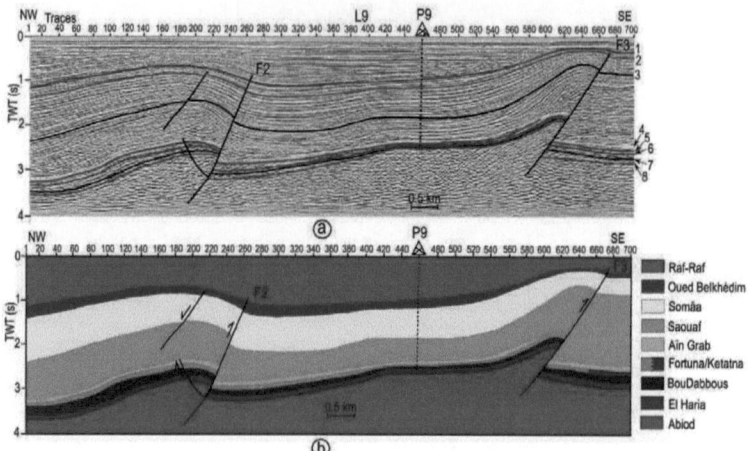

Fig.7.21. Ligne sismique L9 de direction NW-SE. (a) Profil sismique montrant les différents horizons: (1) Oued Belkhédim (Messinien), (2) Somâa (Tortonien), (3) Saouaf (Serravalien), (4) Aïn Grab (Langhien inférieur), (5) Fortuna (Oligocène), (6) Bou Dabbous (Eocène), (7) El Haria (Paléocène), (8) Abiod (Crétacé), P9: Puits de calage, TWT(s): Temps double en seconde. (b) Coupe géosismique interprétative.

Le *Profil L10*, de direction NE-SW s'étend sur 12 km de longueur (Fig.7.15). Il est situé dans le SE de la plateforme de Halk El Menzel. Des failles normales, à pendage NE, affectent les formations Abiod à Raf-Raf de ce profil (Fig. 7.22a). Elles induisent un épaississement et un approfondissement des séries miocènes dans la partie NE où elles sont plus épaisses (Fig. 7.22b). Sur ce profil, on peut remarquer des structures en horsts et en grabens, mais surtout des basculements de blocs bien développés et contrôlés par ce système de failles normales depuis le Crétacé supérieur et une structure en fleur à l'aplomb de la faille F2. Par endroit ces failles ont contrôlé le dépôt des séries plio-quaternaires. Certaines failles sont néoformées au cours de la phase atlasique. Des lacunes de sédimentation des formations El Haria, Bou Dabbous et Fortuna peuvent être reconnues dans le secteur d'étude, et confirmées par des données lithostratigraphiques des puits pétroliers P3-P5 et P14.

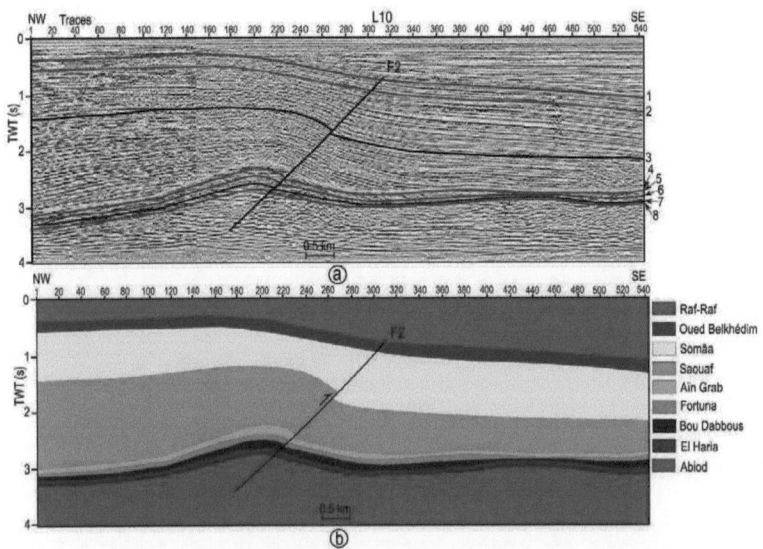

Fig.7.22. Ligne sismique L10 de direction NW-SE. (a) Profil sismique montrant les différents horizons, (b) Coupe géosismique interprétative. Mêmes notations qu'en Fig.7.21.

Le *Profil L11*, de direction NE-SW s'étend sur 12 km de longueur. Il est situé dans le SE de la plateforme de Halk El Menzel. Des failles à composantes normales, à pendage souvent NE, affectent les formations Abiod à Raf-Raf sur ce profil (Fig. 7.23a). Elles induisent un épaississement et un approfondissement des séries miocènes dans la partie NE où elles sont plus épaisses. Sur ce profil, on peut remarquer des structures en horsts et en grabens, mais surtout des basculements de blocs bien développés et contrôlés par ce système de failles normales depuis le Crétacé supérieur. On note en particulier une structure en fleur négative dans la partie NE, où l'ondulation du toit d'Oued Belkhédim indique qu'il y a un plissement post-Oued Belkhédim probablement lié à une compression qui a pu réactiver les failles normales en inverses (Fig. 7.23a). Au centre du profil L11, une faille montre un jeu à composante normale nette qui n'affecte pas le toit d'Oued Belkhédim, il s'agit d'une faille syn-Saouaf qui a contrôlé la sédimentation. Par endroit ces failles ont contrôlé le dépôt des séries pliocènes. Certaines failles sont néoformées au cours de la phase atlasique.

145

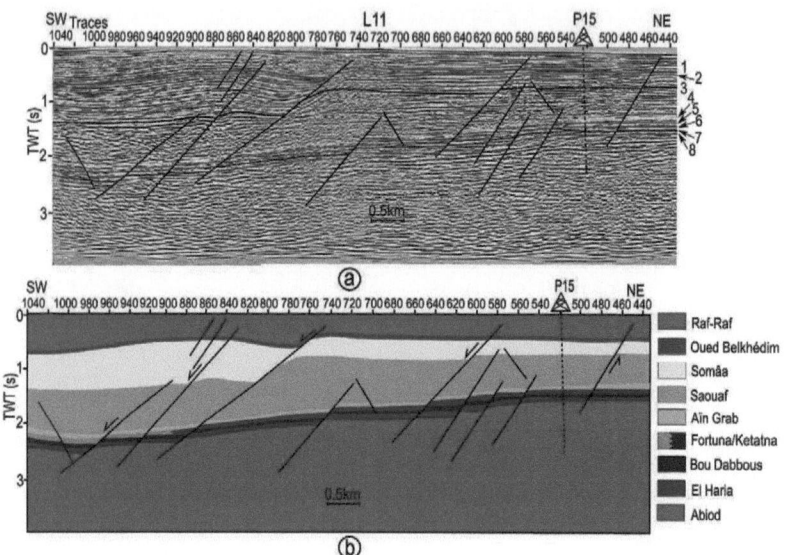

Fig.7.23. Ligne sismique L11 de direction NE-SW. (a) Profil sismique montrant les différents horizons, (b) Coupe géosismique interprétative, P15: Puits de calage. Mêmes notations qu'en Fig.7.21.

II.2. Interprétation des cartes

II.2a. Carte en isochrone au toit de la formation Aïn Grab

Les isovaleurs de cette carte varient de 1800 ms à 2400 ms. Cette carte montre trois structures hautes, sous forme de horsts, notées H1, H2 et H3. Elles sont délimitées par un réseau de failles normales majeures (F1-F6), de directions globalement NS, NE, SW et EW et de pendage régional sud à SE. Des structures basses correspondent à des bassins, ou grabens (G1 et G2) qui dépassent 3900 ms, séparées et décalées vers le bas par la faille normale F1 à l'Est et F3 à l'Ouest. Les failles F2, F3 et F4 délimitent au centre le horst contenant la structure El Baraka (H2). Cette structure est délimitée par une faille majeure F2 orientée vers l'Ouest dont le rejet est très important. Les courbes de niveau présentent des directions diverses EW au centre de la zone d'étude, alors qu'au Nord et au Sud la majorité des courbes sont orientées NE-SW. A l'Est se développent de petits bassins orientés NW-SE vers la plateforme de Halk El Menzel. Au Nord et au Sud de la carte, le réseau de failles secondaires est orienté généralement

146

dans la même direction que celle des petits bassins EW. Des structures hautes se développent contre les failles normales (F1-F3 et F4) de direction EW à NW-SE. Du centre vers le sud, le réseau de failles (F2-F6) est sous forme d'un couloir tectonique EW à NE-SW. A l'intérieur des couloirs se développent des structures plissées sous forme de gouttières de plis failles. La variation de direction et la multitude des failles EW, NS, NNW-SSE au Nord limitent les bassins en forme de demi-graben ou bloc affaissé (G1) et de structure plissée et horst (H1) (Fig.7.24). Au Miocène inférieur et surtout au Langhien, la phase distensive orientée NW-SE qui a eu lieu est responsable de la fracturation et du basculement des calcaires lumachelliques de la formation Aïn Grab. Elle a créé des failles normales (F1-F5) de direction NE-SW, EW à NS qui délimitent des structures en horsts (H1-H3) et en grabens et des gouttières de plis (G1 et G2).

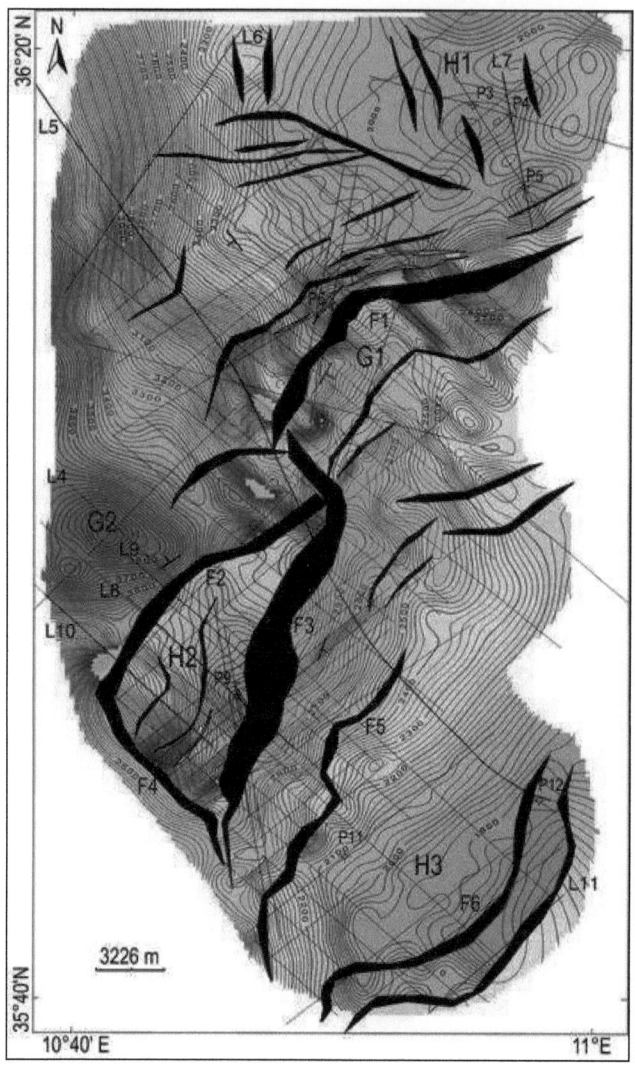

7.24. Carte isochrone au toit du Langhien dans le golfe de Hammamet. (F: faille, H: horst et structure plissée, G: graben et bloc affaissé, P: Puits, L: Lignes sismiques)

II.2b. Carte en isochrone au toit de la formation Oued Belkhédim

Les isovaleurs dans cette carte varient de 227 ms à 1200 ms en temps doubles. La morphologie générale de la région que reflète cette carte est bien nette et individualisée. Elle présente trois structures hautes et plissées au Nord (H1 et H2) et au Sud (H3) de la région cartographiée. Les isovaleurs dans ces structures hautes ne dépassent pas 800 ms. Alors que vers l'Ouest la structure G2 devient très profonde. Elle atteint une vitesse supérieure à 2000 ms. Dans cette carte on a pu distinguer deux systèmes de failles (F1, F2 et F4) conjuguées qui ont contrôlé la structuration de cette zone. Cette dernière est caractérisée par des plis (H1, H2 et H3) orientés ENE-WSW et NE-SW, qui sont engendrés par la tectonique tardi-Miocène. A l'Ouest se développe le graben de Jriba (G2) qui annonce un milieu subsident (Fig.7.25). Les trois structures hautes au Nord et au Sud sont délimitées par des réseaux de failles d'ampleur moyenne. Elles sont orientées souvent NS et rarement EW. Au centre, ces structures sont contrôlées par des failles EW (F1 et F2). Le premier réseau au Sud de la structure est orienté NW-SE (F4). Ces failles décrochantes ont contrôlé la différenciation d'une zone très basse (G2) et d'une zone moyennement haute (H1) respectivement au NW et SE. Le deuxième réseau au centre de la structure est orienté NE-SW. Il joue en faille normale depuis le Crétacé et modifie les épaisseurs et les caractères sédimentaires du Paléogène et du Néogène. Il a été repris par une tectonique compressive atlasique qui a modifié les rejeux des failles en inverses. Les courbes de niveau sont orientées sensiblement dans la même direction. Les réseaux de failles se développent sous forme d'un couloir de failles orientés EW. Ces deux réseaux de failles ont d'importantes ampleurs qui délimitent une zone haute (H1) d'une zone basse (G1) orientée vers l'Ouest. L'inversion des bassins dans le golfe de Hammamet a eu lieu au cours de la phase atlasique. Ces bassins sont moins profonds dans la partie est. Les valeurs des courbes isochrones ne dépassent pas 500 ms. Ces isochrones sont orientées généralement NW-SE. Au niveau de cette zone les failles de faibls à moyenne ampleur ont la même direction que les bassins.

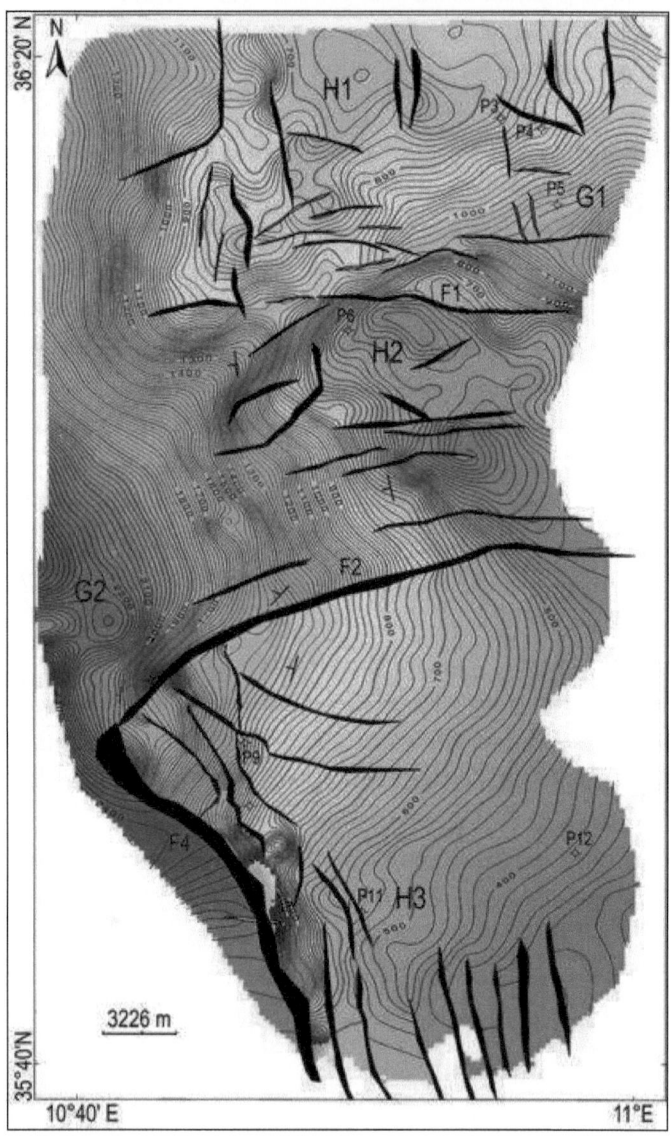

Fig.7.25. Carte isochrone au toit du Messinien dans le golfe de Hammamet. Mêmes notations qu'en Fig.7.
24

150

Dans le golfe de Hammamet on enregistre une migration des dépocentres des bassins (G1 et G2) et des zones hautes (H1, H2 et H3). L'axe de plissement des calcaires Oued Belkhédim (Messinien) (Fig.7.25) se trouve légèrement déplacé vers le NNE-SSW par rapport à l'axe de plissement des calcaires de la formation Aïn Grab (Langhien) (Fig.7.24) orienté NE-SW. Ce qui est corroboré par la migration des gouttières des plis et des dépocentres vers le NNE. La réactivation des réseaux de failles des couloirs de cisaillement NE-SW et EW, selon une suite de mouvements distensifs puis compressifs a donné lieu à des gouttières synclinales ou grabens et des plis au sein de ces couloirs. On note donc le caractère transpressif et transtensif dextre de cette tectonique. Les failles normales de direction NE-SW et NW-SE ont rejoué en inverse. Ces dernières délimitent le paléo-haut (H3) du Crétacé, au Sud de la carte isochrone de la formation Aïn Grab. La réactivation de cette faille au cours du Messinien se traduit par des branches de failles de même direction dont l'ampleur et les rejets sont nettement plus faibles. Les failles majeures dans cette zone ont deux directions. La première (F4) est orientée NNW-SSE au Sud. Elle se croise avec la deuxième (F2) de direction EW au centre du secteur cartographié, séparant des structures hautes (H3) orientées NS des structures basses (G2) EW. Cette carte diffère de la précédente par de très importantes failles, dont la première est orientée EW au centre de la carte avec un rejet vers le SE. La seconde faille (F3) de direction NS, au Sud du secteur cartographié a rejet très important vers le SE qui délimite un horst (H3). Vers le Sud de la zone, les failles (F6) qui ont été orientées EW, se transforment en failles de direction NS à rejet vers le NW. Elles délimitent un horst vers l'extrême Sud.

II.2c. Carte en isobathe au toit de la formation Aïn Grab

Cette carte est établie avec une équidistance des isocontours de 20 m dont les isobathes varient de 1700 m à 5400 m. Elle montre des structures en horsts (H1, H2, H3) et en grabens (G1, G2), délimitées par des failles majeures (F1-F6) de directions variées (NW-SE, NE-SW et NNE-SSW) et dont les pendages sont tantôt vers le SE ou vers le NW (Fig. 7.26). Ces failles délimitent le horst H2 contenant la structure El Baraka, délimitée par des failles majeures F2-F4. La faille F2 qui délimite H2 présente un rejet vertical de ~50 m. Dans la partie ouest de la carte, en allant vers l'onshore, se développent des bassins dépassant 5000 m de profondeur (G2), de direction NE-SW comme le montrent les isobathes. Alors que vers l'Est, dans un bassin de 4000 m de profondeur (G1), se développent de petits bassins NW-SE. Au Nord et au Sud de la carte, la direction du réseau de failles secondaires est orientée généralement NS à NE-SW avec la même direction globale des isobathes des petits bassins. Des structures plissées se sont développées en anticlinaux et synclinaux de direction EW à NW-SE et sont contrôlées par des failles normales F1-F4. Du centre vers le Sud, les séries sont structurées sous forme de horsts et grabens par un réseau de failles F2-F6 sous forme de couloir EW à NE-SW. Les failles de directions EW, NS, NNW-SSE limitent le graben G1 et le horst H1 (Fig. 7.26).

Au Miocène inférieur et surtout au Langhien, la phase distensive NW-SE, à l'origine de la fracturation et du basculement des blocs à calcaires lumachelliques de la formation Aïn Grab, a créé un réseau de failles normales F1-F5 de direction NE-SW, EW à NS qui délimitent les structures en horsts (H1-H3) et en grabens et/ou en gouttières de plis (G1, G2). Ces failles normales ont créé des structures en touches de piano ou horsts et grabens, observées sur la plupart des profils.

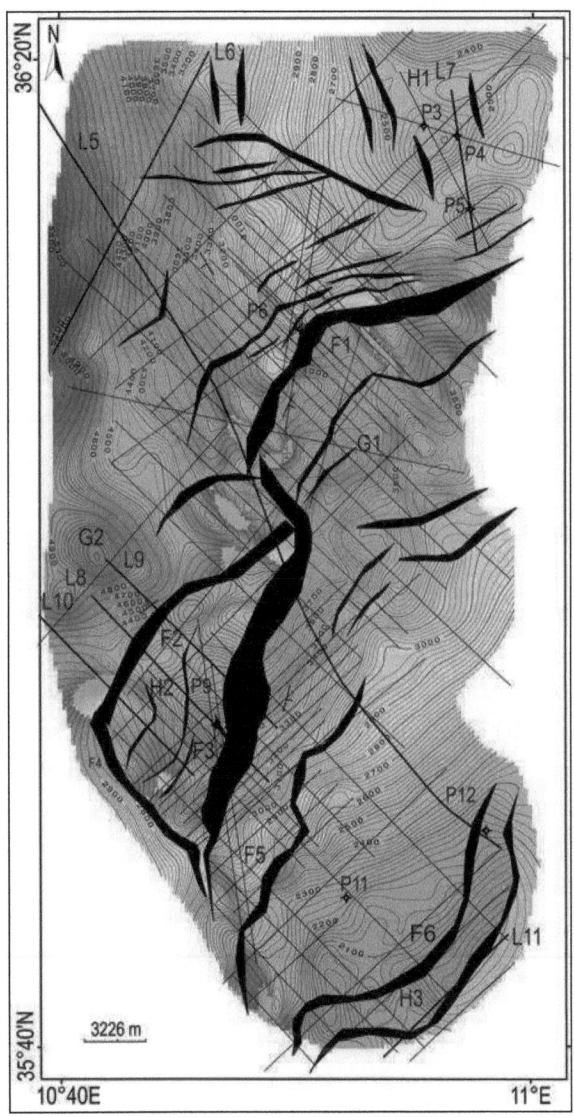

Fig.7.26. Carte en isobathe au toit de l'horizon Aïn Grab (Langhien). Mêmes notations qu'en Fig.7. 24

II.2d. Carte en isobathe au toit de la formation Oued Belkhédim

Cette carte a été établie à la même échelle que la précédente avec une équidistance des isobathes de 20 m. Les isobathes varient de 180 m à 2600 m. La morphologie générale de la carte montre des horsts et des structures plissées, H1-H2 au Nord et H3 au Sud, et des bassins ou structures en grabens, G1 au NE et G2 à l'Ouest (Fig. 7.27). Le demi-graben G2 de Jriba est subsident et atteint plus de 2300 m de profondeur, au niveau duquel on a pu distinguer deux systèmes de failles conjuguées EW et NNW-SSE qui ont contrôlé cette zone (F1-F2, F4). Cette carte est aussi caractérisée par des plis orientés ENE-WSW et NE-SW, induits par la phase tectonique tardi-miocène. Les structures en horsts an Nord et au Sud sont délimitées par un réseau de failles de moyenne ampleur, orientées souvent NS et rarement EW. Au centre les structures sont contrôlées par des failles EW (F1-F2). Ces failles F1-F2 sont décrochantes dextres alors que la faille F4 est décrochante senestre, comme le montre le décalage des courbes isobathes. Ces failles ont donc bien contrôlé la mise en place des bassins, des blocs affaissés et des grabens (G2, attribué au bassin de Jriba) et des horsts et des structures plissées (H1-H3). Le deuxième réseau de failles, développé dans un couloir EW au centre de la structure, est composé de failles normales qui ont pu modifier les épaisseurs des sédiments dans les petits bassins qui présentent des directions similaires. Plus au Nord, deux réseaux de failles globalement NS et EW délimitent des horsts et des structures plissés (H1) des grabens et des blocs affaissés (G1). Les bassins, orientées NW-SE, ne dépassant guère 1000 m de profondeur vers l'Est, suivent les directions moyennes des failles. Les failles normales NE-SW et NW-SE ont rejoué en inverse à partir du Mio-Pliocène. Elles délimitent le paléo-haut du Crétacé (H3) dans la partie sud de la carte isobathe (Fig. 7.26; formation Aïn Grab). La réactivation de la faille F2 au cours du Messinien se traduit par des failles secondaires de même direction dont l'ampleur et les rejets sont nettement plus faibles. Au Nord et au Sud de cette faille, les courbes isobathes sont respectivement orientées NW-SE et NE-SW. Elles sont recoupées par des failles NS qui ont modifié ou décalé les horizons qui les traversent. L'étude et l'analyse de ces courbes révèlent un pendage régional SW, NW ou N (Fig. 7.27).

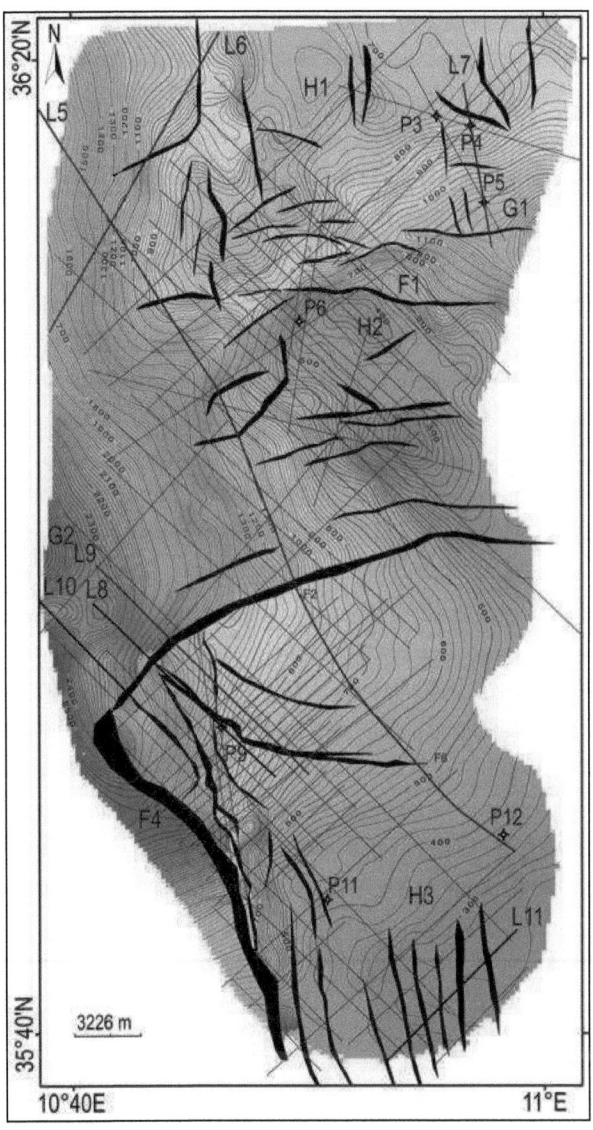

Fig.7.27. Carte en isobathe au toit de l'horizon Oued Belkhédim (Messinien). Mêmes notations qu'en
Fig.7. 24

II.2e. Carte en isopaque Aïn Grab-Oued Belkhédim

Cette carte couvre toute la série miocène limitée en-dessous par la formation Aïn Grab d'âge Langhien et au-dessus par la formation d'Oued Belkhédim d'âge Messinien. On peut distinguer du Nord au Sud, la répartition spatiale des zones hautes (H1 et H2) à dépôts réduits et des zones de subsidence de bassins (G1 et G2) (Fig.7.28). Le bassin de golfe de Hammamet se caractérise par la formations des structures synclinales et des structures plissées découpées par des failles profondes mésozoïque de direction NS, EW, NW-SE et NE-SW (F1, F2 et F3). Vers le Nord, on remarque des structures hautes ou des anticlinaux (H1), ces structures se présentent sous forme de horsts qui s'abaissent progressivement à l'Ouest et deviennent très profondes. Elles correspondent au fossé de Mâamoura. Au centre de la carte se développe un bassin (G1) très profond. Les courbes de même profondeur sont très espacées. Cette structure devient très haute (H2) vers le SW. Les courbes sont très serrées, témoignant d'une chute brusque des épaisseurs des séries. Un bassin profond (G2) prend naissance puis de nouveau les structures deviennent hautes vers le Sud. Cette chute brutale des épaisseurs des séries miocènes est contrôlée par le rejeu de diverses failles de directions variables. La réactivation d'anciennes failles a créé la fracturation et le basculement des séries miocènes. La majorité des structures plissées sont orientées sensiblement NE-SW, de direction perpendiculaire à celle de la contrainte principale dont la direction est NW-SE. On peut noter aussi une subsidence très importante au Nord dans les fossés de Mâamoura, le long du fossé NS du Jriba-Enfidha et aussi dans les fossés EW du Monastir-Kuriate (Figs.7.24-7.27). L'inversion du régime tectonique durant le Miocène dans le golfe de Hammamet se manifeste par la variation des épaisseurs des séries du Miocène moyen surtout au niveau des formations Birsa et Saouaf d'âge Serravalien à Tortonien.

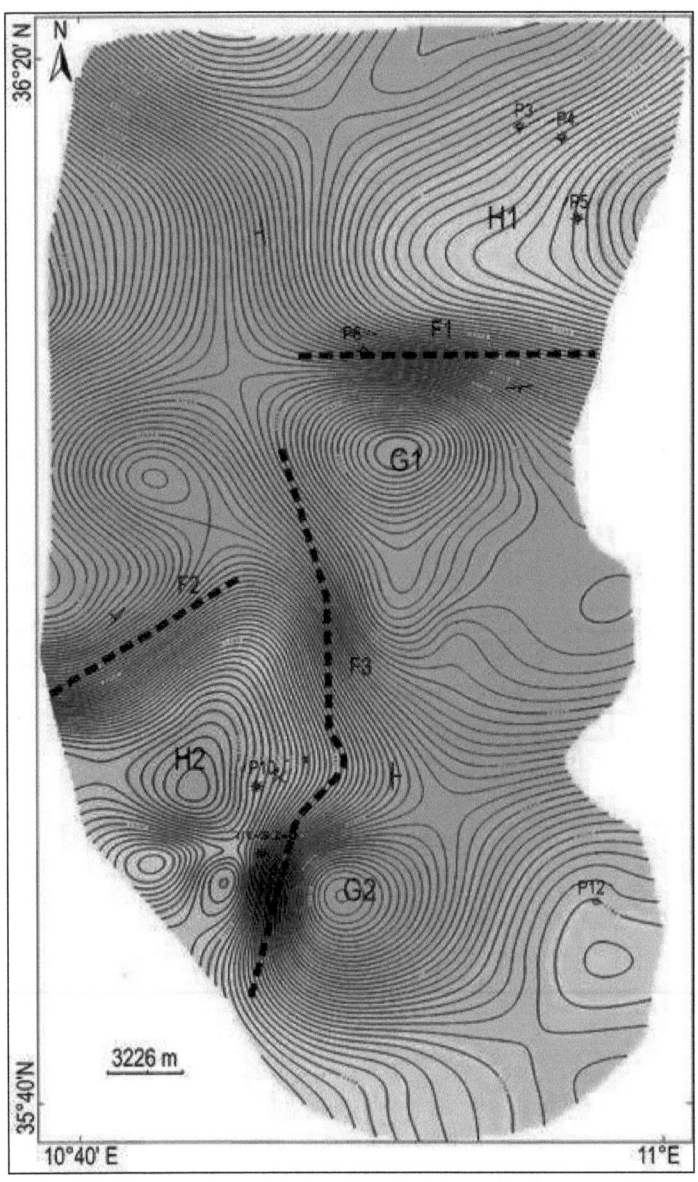

Fig.7.28. Carte isopaque du Messinien-Langhien du golfe de Hammamet.

II.3. Corrélations lithostratigraphiques des puits pétroliers

On dispose d'une quinzaine de puits pétroliers qui ont été forées par diverses compagnies pétrolières. Seuls les logs lithostratigraphiques ont été utilisées. Le découpage lithostratigraphique au niveau des puits est contrôlé par les données diagraphiques (sonic, gamma ray, résistivité...). Les puits pétroliers disponibles se répartissent sur tout le secteur d'étude et nous renseigne sur la variation en profondeur et latérale de facies et d'épaisseur (Fig.7.29). Cette variation de faciès en épaisseur et en profondeur varie d'une zone à une autre. Elle est généralement liée au milieu de dépôt et sous contrôle tectonique et sédimentaire lors de la sédimentation.

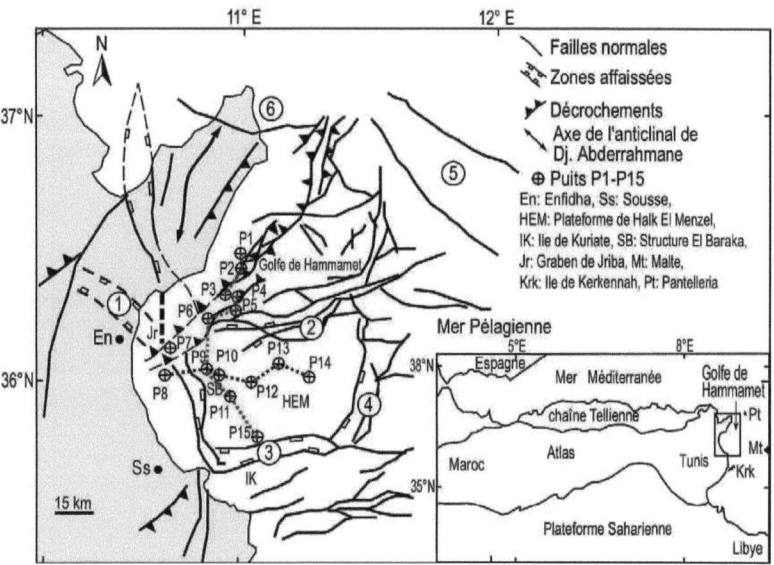

Fig.7.29. Carte de localisation géographique des puits et des corrélations lithostratigraphiques: grabens de: (1) Bou Ficha, (2) Cosmos, (3) Kuriates, (4) Halk El Menzel, (5) Pantelleria, (6) Tazoghrane, HEM: plateforme Helk El Menzel. Le trait pointillé en rouge représente la corrélation NS et en noir la corrélation EW.

II.3a. Corrélations lithostratigraphiques NS des puits pétroliers

La corrélation NS entre les puits pétroliers dans le golfe de Hammamet montre des variations d'épaisseur, des discordances et des lacunes sédimentaires du Nord vers le Sud (Fig.7.30). Les séries carbonatées ne sont pas traversées par tous les puits pétroliers. La formation Abiod apparait vers le Nord au niveau des puits et disparait

158

dans d'autres endroits; on pense alors que les puits n'ont pas traversé ces séries qui présentent des variations d'épaisseurs. Cette dernière est surmontée par la formation El Haria. Elle présente d'épaisses séries argilo-gréseuses à intercalations de bancs de calcaires vers le Nord qui s'amincissent au centre au niveau du puits P6. Elle montre aussi de nouveau un épaississement au niveau du puits P10 et un amincissement vers le Sud à l'aplomb du P15. Les calcaires de la formation Bou Dabbous et les séries argilo-gréseux de la formation Souar n'apparaissent qu'au niveau des puits P2-P3. On pense donc qu'au cours du Paléocène le milieu de dépôt était relativement profond vers le Nord (dans les puits P2-P6) où se sont déposées d'épaisses séries de la formation El Haria et une zone haute au centre (puits P7). Elles s'approfondissent à nouveau au voisinage du puits P10 en créant un espace de dépôt sédimentaire et se retrouve à plus faible profondeur au voisinage du puits P15. Une architecture tectonique en horsts et grabens domine donc le golfe de Hammamet du Nord vers le Sud. Cette sédimentation est contrôlée par des failles normales héritées depuis le Crétacé où se sont accumulés d'épais dépôts dans les parties affaissées. La formation Ketatna apparait partout dans les puits mais avec une variation en épaisseur et en profondeur. Elle est moins épaisse au Nord dans les puits P1-P2 et devient plus épaisse à l'aplomb des puits P3-P6 et P9 avec une légère diminution dans le puits P15. La formation Fortuna se dépose en discordance sur la formation El Haria. Les séries éocènes sont absentes à partir du puits P3 au puits P15, peut être suite à une lacune sédimentaire ou leurs expositions à l'érosion suite à une compression. La variation des épaisseurs des séries paléocènes et oligocènes témoigne de l'inversion des bassins. Cette inversion a eu lieu lors de la compression éocène NW-SE. Cette compression se poursuit jusqu'à l'Oligocène supérieur-Miocène inférieur. Les séries du Miocène inférieur sont absentes partout dans le golfe de Hammamet. Alors que la formation Aïn Grab apparaît dans tous les puits avec une épaisseur moyenne de moins de 20 m. Ces séries carbonatées se sont déposées en discordance sur la formation Fortuna dans toute la zone et ont pénéplané tout le secteur. Les séries du Miocène moyen-supérieur (Mahmoud, Birsa, Saouaf, Somâa) montrent un épaississement très remarquable. Les formations argileuses de Mahmoud et Birsa n'apparaissent qu'au Nord dans les puits P1-P5 et s'approfondissent au niveau du puits P5. Les séries des formations Saouaf et Somâa existent dans tout le secteur d'étude car elles ont été traversées par tous les puits pétroliers. Ainsi, au voisinage des puits P1-P2, les séries sont moins profondes et moins épaisses, mais s'approfondissent à l'aplomb des puits P3-P6. On remarque à chaque fois que l'épaisseur de la formation Saouaf est plus importante, Somâa diminue relativement en épaisseur et en profondeur. Au niveau du puits P2 la formation Saouaf est plus épaisse alors la formation Birsa l'est moins. Leurs épaisseurs s'inversent alors qu'elles s'approfondissent au niveau des puits P5-P9. Les séries miocènes qui peuvent atteindre plus de 3000 m d'épaisseur sont contrôlées par des failles et paléo-structures en horsts et grabens hérités depuis l'Oligocène. On constate donc une inversion des bassins dans le golfe de Hammamet au cours du Miocène. D'épaisses séries plio-quaternaires (Raf-Raf) se sont déposées en discordance sur les calcaires messiniens de la formation Oued Belkhédim. Cette discordance est relative à la compression NW-SE qui a initié la formation de plis et la reprise d'anciennes failles et structures.

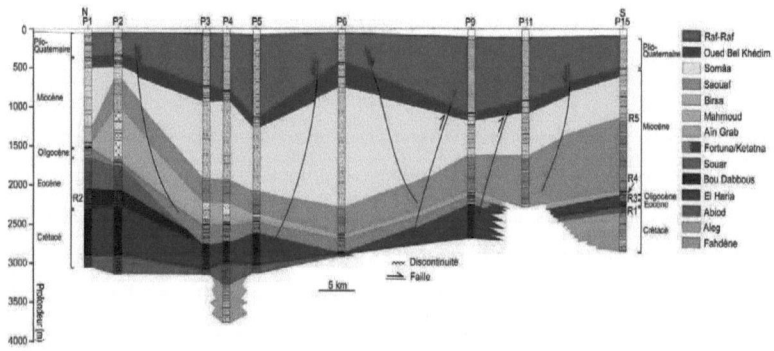

Fig.7.30. Corrélations lithostratigraphiques NS entre les puits P1-P6, P9, P11 et P15. Réservoirs R1-R5:R1(Abiod), R2 (Bou Dabbous), R3 (Fortuna-Ketatna), R4 (Aïn Grab), R5 (Birsa-Saouaf-Somâa).

II.3b. Corrélations lithostratigraphiques EW des puits pétroliers

La corrélation WE entre les puits pétroliers montre que la plateforme du golfe de Hammamet est constituée d'un faciès à dominance carbonatée du Crétacé supérieur-Eocène, Rupélien-Langhien inférieur et d'un faciès essentiellement argileux au Maastrichtien-Thanien et Mio-Pliocène (Fig.7.31). Les séries du Crétacé au Miocène moyen ne sont pas atteintes à l'aplomb des puits P9, P10, P11et P13 alors qu'elles ont été perforées dans les autres puits (P8, P12, P14). La formation El Haria, d'épaisseur faible au niveau du puits P8 et à une profondeur de ~1100 m, s'approfondit encore vers l'Est au voisinage des puits P9-P13. Les dépôts de cette formation, riches en foraminifères planctoniques, passant de 100 à 700 m d'épaisseur d'Ouest en Est, sont formés d'argiles et de marnes à minces intercalations de bancs calcaires. Ils sont formés d'argiles à rares intercalations de bancs carbonatés, de marnes silteuses et bioclastiques vers l'Est. Ces dépôts reposent en discordance sur les calcaires de la formation Abiod. Il s'agit d'une lacune du Paléocène inférieur qui a été détectée dans les puits P12-P13. Deux discontinuités caractérisent la formation El Haria dont l'une, à la base, la met en contact avec les calcaires de la formation Abiod et l'autre est intra-formation. Ces discontinuités sont observées surtout en Tunisie centro-orientale (Burrollet, 1956; Ben Ferjani et al., 1990). Les calcaires pélagiques ou parfois des marnes et des calcaires argileux de la formation Bou Dabbous n'apparaissent pas dans tous les puits. Ces calcaires, riches en *Globigerina*, n'ont été traversés que par les puits P2-P3 au Nord et le puits P13 à l'Est de la plateforme du Halk El Menzel. On pense donc à des lacunes sédimentaires (calcaires yprésiens) d'Ouest en Est. La formation Souar, formée de marnes à intercalations calcaires, n'a été rencontrée qu'au niveau des puits P2-P3 au Nord (Fig. 7.30). Dans le secteur d'étude ces faciès passent latéralement vers l'Est à des calcaires et des dolomies riches en foraminifères benthiques, en algues et en lamellibranches qui constituent la formation de Halk El Menzel (Bonnefous et Bismuth, 1982). Le puits P14 a traversé la partie sommitale de la formation Halk El Menzel vers l'Est de la zone d'étude. Les dépôts siliciclastiques, généralement riches en quartz et en argiles gréseuses de la formation Fortuna, sont traversés par tous les puits d'Ouest en Est. Ils montrent une variation latérale en épaisseur et en profondeur. Ils s'approfondissent et s'épaississent au puits P12 et disparaissent complètement au puits P14 (Fig. 7.31). Le faciès change latéralement vers l'Est et devient soit argilo-silteux à rares bancs de calcaires de la formation Salambô (Fournié, 1978) soit calcaires bioclastiques riches en algues et mollusques de la formation Ketatna (Bismuth, 1984). Ces carbonates sont localement recouverts par des grès de la formation Fortuna rencontrés dans les puits P12-P13 et P15 à l'Est et les puits P8 et P9 à l'Ouest. Les calcaires bioclastiques riches en faunes benthiques et en échinoïdes de la formation Aïn Grab sont traversés pratiquement par tous les puits (Blondel, 1991; Yaïch, 1997) sauf les puits P9 et P12-P14. Ils reposent donc en discordance sur les séries de la formation El Haria dans tout le secteur d'étude. Les formations Mahmoud à Somâa (Miocène moyen-supérieur) présentent des variations en épaisseur et en profondeur. La formation

Mahmoud est bien développée à l'aplomb des puits P8 et P13 et s'amincit considérablement vers les puits P9 et P12 alors que les formations Saouaf et Somâa sont plus développées aux puits P11-P12. Ces variations en épaisseur et en profondeur des séries lithostratigraphiques témoignent donc d'une inversion tectonique. Les séries miocènes sont bordées par deux discordances vers le toit et la base dans tout le secteur d'étude. Les séries détritiques de la formation Raf-Raf reposent en discordance sur les calcaires d'Oued Belkhédim. La phase compressive à la fin du Miocène est à l'origine des structures plissées et exposées à l'érosion sur lesquelles se sont déposées les séries de la formation Raf-Raf.

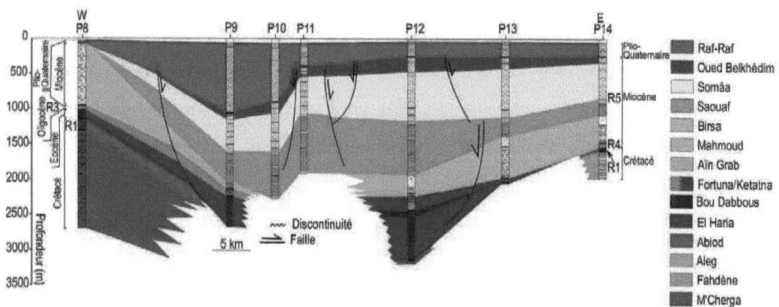

Fig.7.31. Corrélations lithostratigraphiques EW entre les puits P8-P14. Même notation qu'en Fig.7.30.

III. Conclusion

L'interprétation des données sismiques (cartes isochrones, isobathes, isopaques ; profils sismiques) et des données des puits (corrélation lithostratigraphique) montre que la Tunisie nord-orientale et la mer pélagienne se caractérisent par des variations latérales et en profondeurs des faciès, des discordances, des lacunes sédimentaires, des structures plissées et faillées et des de chevauchements d'âge crétacé-miocène. Elle montre des structures complexes. La complexité résulte de la superposition de plusieurs phases tectoniques. Ainsi les premières manifestations tectoniques distensives sont d'âge aptien-crétacé (Chihi, 1984; Saadi, 1997). Des structures plissées et des chevauchements se sont développés dans le Sahel et le golfe de Hammamet. Ces structures commencent à apparaitre au début de la phase compressive pyrénéenne (Eocène). Elles ont été mises en évidence en surface et en subsurface sur les profils sismiques. Les séries oligo-miocènes sont affectées par des failles normales qui apparaissent sur toutes les lignes sismiques. Cette dynamique montre la variation du régime de contrainte tectonique, compressive de l'Eocène, à extensive à l'Oligocène. De ce fait, les séries paléogènes ont connu une évolution tectonique et géodynamique facilitée par l'injection de masses salifères du Trias le long des failles. La variation des épaisseurs des séries pendant le Crétacé supérieur, le Paléocène et l'Eocène indique la persistance d'une instabilité tectonique. Les séries miocènes sont très épaisses surtout en offshore. Ainsi au cours du Langhien supérieur une distension de direction NE-SW s'est manifestée pour créer des structures en horsts et grabens et par la suite des bassins subsidents. Au Tortonien une phase une phase compressive a eu lieu et a atteint son paroxysme au Messinien en engendrant des structures plissées de direction NE-SW. Alors que le Pliocène débute par une distension de direction NE-SW qui a affecté les séries messiniennes. Il est matérialisé par des failles normales affectant tous les horizons sur les profils sismiques. Cette extension est suivie par une compression plio-quaternaire et a repris les failles normales en inverses. Le polyphasage tectonique est à l'origine de l'inversion de la subsidence et la variation des épaisseurs des différentes séries.

Chapitre VIII: Discussion et implications pétrolières

I. Discussion

L'interprétation des données de surface et de subsurface de la région de Sahel et le golfe de Hammamet, montre un héritage structural exprimé par des failles, des blocs basculés et des variations des épaisseurs des séries crétacé-paléogènes. Elles se déposent en éventail, avec migration spatiale de la subsidence. La tectonique extensive faciliterait la migration des intrusions salifères le long de ces failles. A l'Ouest d'Enfidha une tectonique synsédimentaire du Crétacé inférieur est mise en évidence, de part et d'autre du couloir de direction NS accompagnée par des manifestations triasiques précoces. La marge de l'Est tunisien a été considérée comme une zone stable et diminuant au cours du Tertiaire à l'avant-pays de l'Atlas (Blanpied et Bellaiche, 1983; Turki, 1985; Ben Ferjani et al., 1990; Anderson, 1996; El Ghali et al., 2003). Au Crétacé moyen à supérieur (Albien-Campanien inférieur), le régime tectonique est transtensif dextre (Fig. 5.5) avec une extension ENE-WSW (Philip et al., 1993; Zouari, 1995; Zouari et al., 1999; Bouaziz et al., 2002). A la fin du Crétacé supérieur (Campanien supérieur-Maastrichtien), lors de la convergence de l'Afrique et l'Europe (Patriat et al., 1982) une phase compressive s'est produite en Tunisie (Haller, 1983; Zouari, 1995; Lacombe et Jolivet, 2005; Said, 2011; Mejri, 2012), avec un axe de raccourcissement NS (Guiraud et Bosworth, 1997). Les études de la fracturation qui a affecté des séries d'âge différents (Fig.5.39), montrent la dominance de direction moyenne NW-SE et rare NE-SW. Les corrélations lithostratigraphiques des séries sédimentaires en Tunisie nord-orientale (Figs.7.12-7.14), ont montré des variations d'épaisseurs et de faciès des séries stratigraphiques en relation avec des failles majeures synsédimentaires de direction NW-SE (Boujemaoui, 2000). Cette variation en profondeur et en épaisseur des séries lithostratigraphiques, dans la plateforme de Sahel est liée à l'évolution des mouvements tectoniques et eustatiques du Crétacé jusqu'au Plio-Quaternaire. La variation des épaisseurs des séries de l'Eocène supérieur-Oligocène témoignent de l'activité synsédimentaire des failles chevauchantes (Fig.7.14). Elles délimitent des structures hautes vers l'Ouest et un bassin flexural vers l'Est. Cette structure synsédimentaire, bien exprimée au cours de l'Eocène supérieur, fossilise la phase de plissement pyrénéenne

(Yaïch, 1984). Cette phase compressive a continué jusqu'à l'Eocène supérieur avec une contrainte σ_1 orientée NW-SE à NS (Morelli, 1976; Letouzey et Trémolières, 1980; Haller, 1983; El Ghali et al., 2003; Mzali et Zouari, 2006). Au cours de cette période, les failles N120° sont réactivées en décrochement dextre, les failles EW ont une composante normale, les failles NE-SW ont une composante inverse, alors que les plis NE-SW sont ébauchés et la montée des dépôts triasiques est accentuée par des failles à allure listriques (Fig.7.3) de direction globale NS, limité par des accidents majeurs. A l'intérieur de ce couloir, les deux directions de fractures pourraient correspondre à des fractures de type Riedel associées au couloir NS avec R' (~N110°) dextre et R et P (~NS) sénestre ; avec une contrainte principale compressive de direction ~N135° ce qui favorise la genèse des bassins de direction NW-SE. On peut donc déduire qu'en est en présence de deux phases tectoniques. Une première phase tectonique est compressive avec une composante σ_1 de direction NW-SE d'âge Tortonien supérieur. Alors que la seconde phase compressive est de direction NNW-SSE (Fig.5.40d). On peut l'attribuer au Pliocène selon le modèle de Riedel avec R' correspondant aux fractures de direction NS sénestre, R et P correspondant respectivement aux fractures et aux fentes de tension de direction N110° dextre, un couloir de décrochement de direction moyenne N110° et une contrainte de direction ~NS. La représentation stéréographique des plans des failles (Fig.5.40e) montre de diverses directions qui ont régné dans cette zone, la direction moyenne des fractures est NW-SE (Fig.5.40f). Le coulissage serait à l'origine de la création de bassins losangiques et de petites dimensions, interférant avec des compartiments soulevés ou basculés. Au Miocène, les effets de la convergence se sont traduits par deux phases paroxysmales de plissement durant la période oligo-miocène (Castany, 1956; Tlig et al., 1991): l'une alpine fini-éocène et l'autre atlasique au Miocène supérieur (Zargouni, 1985; Tlig et al., 1991). Les plis NE-SW sont souvent accompagnés par des failles inverses de même direction (Burollet, 1991; Aïssaoui et Ben Gacha, 1992; Saadi, 1997). Alors qu'une troisième contrainte compressive a eu lieu au Plio-Quaternaire (Villafranchien). Ces phases compressives sont séparées par des épisodes de relaxation des contraintes tectoniques survenus à l'Oglio-Aquitanien (Vernet, 1981; Saadi, 1997) et au Langhien-Serravalien (Saadi, 1997; Yaïch, 1997; Boujemaoui, 2000). Ces épisodes ont induit la formation de bassins et des horsts de direction orthogonale à la direction des plis et des failles normales. Ces structures plissées qui se développent lors de la compression éocène ont une direction proche de N90°. A l'Oligocène, une phase distensive orientée NE-SW est responsable du développement des bassins orientés N45° liés à des failles normales de direction N90-110°. Pendant l'Oligocène supérieur-Miocène inférieur, une compression de direction NE-SW a créé des structures plissées exposées à l'érosion et diminue l'espace disponible pour la sédimentation. Une distension orientée NNE-SSW a eu lieu du Langhien jusqu'à Tortonien inférieur en créant l'ouverture des fossés de direction N110° par la réactivation des failles normales synsédimentaires. L'existence de couloirs de failles héritées de directions EW, NW-SE, NE-SW et NS contrôlent les remplissages des bassins. Ces failles ont induit à certaines époques un découpage en pull-apart (Bédir, 1995). les failles EW ont un rôle important en Tunisie orientale (Kamoun, 1981, 2001; Turki, 1985; Delteil et al., 1991; Bédir, 1988, 1995). Elles représenteraient les manifestations de la rotation anti-horaire du bloc apulien et l'expulsion de la partie nord orientale de la Tunisie (Delteil et al., 1991). Ces résultats impliquent forcément l'accommodation et le blocage des mouvements coulissants en EW sur les directions NS héritées. Ces zones de convergence de ces deux directions constitueraient alors des zones de chevauchements et de décollements, d'autant plus que le Trias perce dans ces zones de fragilisation de la couverture sédimentaire telle que le Djebel Chérichira (Boukadi, 1994). Une tectonique de chevauchement voire même tangentielle a été évoquée au niveau de l'axe NS (Coiffait, 1973; Abbès et al., 1981; Truillet et al., 1981; Delteil et al., 1981), mais également au Nord, à l'Est (Truillet, 1981) et au Sud (Yaïch, 1984; Haller, 1983) de l'accident de Zaghouan. Ces derniers auteurs avaient par ailleurs évoqué des chevauchements dans la partie occidentale de la plateforme de Sahel. Les profils sismique montrent une tectonique transpressive dextre puis transtensive sénestre matérialisées respectivement par une structure en fleur positive pour les horizons campano-éocènes et une structure en fleur négative affectant les horizons gréseux chattien-rupéliens, indiquant ainsi une tectonique polyphasée (Fig.7.2). Les structures plissées que reflète ce profil sismique de la Tunisie orientale sont bordées latéralement par des bassins très subsidents caractérisés par des réflecteurs continus à forte impédance acoustique. Ces dépocentres sont des bassins de compensation de la montée halocinétique (Giovanni et al., 1997) tels que le bassin de Sbikha-Draa Souatir à l'Ouest et le bassin de Kondar-Hergla à l'Est. Ce mouvement s'opère dans un régime coulissant dextre sur la faille d'Enfidha F2 (Fig.7.3). Cette faille joue le rôle d'une flexure profonde d'un dôme diapirique qui commençait un mouvement de remontée à partir du Crétacé supérieur. Celle-ci a contrôlé la sédimentation au cours du Néogène (Fig.7.8). Elle a engendré deux blocs structuraux distincts: un bloc résistant vers le NW et un bloc subsident vers le Sud et le SE. Le bloc septentrional s'exprime par une grande structure anticlinale, où s'injecte du matériel salifère à travers des failles. La subsidence tectonique la plus active, dans le domaine de la Tunisie orientale est située tout au long du tracé de la faille F2 et au niveau du compartiment méridional. Ce qui montre un rôle structural très important de ce linéament. La variation des épaisseurs, des directions et de l'ampleur des failles qui ont affecté les horizons depuis le Jurassique jusqu'au Plio-Quaternaire au niveau de la dépression de Kairouan-El Hdadja a enregistré les phases tectoniques qu'a connues la Tunisie depuis le Jurassique (Khomsi et al., 2004b). La plaine de Sahel a enregistré en subsurface les traces des phases orogéniques de la chaîne atlasique sous une épaisse série mio-plio-quaternaire masquant les accidents et les structures majeurs. La faille F2 aurait aussi engendré à partir du Crétacé terminal un bassin de type pull-apart sur l'emplacement actuel de la plaine de Kairouan: c'est la dépression ou plaine de Kairouan-El Hdadja. Cette dépression a enregistré les phases tectoniques majeures de la chaîne atlasique exprimée par des discordances majeures et des scellements de structures et représente actuellement un bassin flexural en avant de la chaîne atlasique. Les horizons sismiques du Crétacé inférieur s'amincissent à l'approche des dômes et sont donc fracturés. Les failles qui délimitent les demi-grabens (ou blocs basculés) se situent au Nord et Sud des dômes. Des failles, scellées par les horizons sismiques du Crétacé, sont les témoins de la tectonique extensive post-triasique et syn-jurassique en relation avec les évènements d'ouverture téthysienne (Bédir, 1995; Bédir et al., 2000; Soussi, 2000) du Jurassique (Fig.7.4), des failles affectant tous les horizons sous l'effet de la montée diapirique sans percement des séries. La zone de Sahel a fonctionné en systèmes en bombement synsédimentaire au Paléogène, créant des anomalies topographiques positives de type bombement du bassin de sédimentation. Les lignes de crêtes topographiques sont orientées NNW-SSE correspondant à une morphologie de monoclinaux (Castany, 1951; Kamoun, 2001). La position de ces structures entièrement entourées de terrains quaternaires reste énigmatique et non raccordable avec les structures atlasiques au NE et au SW. Les structures diapiriques de la marge orientale de la Tunisie sont associées à des zones de faiblesse tectonique majeures, permettant une remobilisation continue du matériel triasique. Ces zones de faiblesse sont en fait des cicatrices intensément fracturées et matérialisées par des failles orientées NS le plus souvent subverticales et enracinées dans le substratum ante-triasique. Ces failles sont héritées depuis le Paléozoïque (Burollet, 1956) et représentent d'anciennes lignes du socle. Elles sont réactivées au cours du Méso-Cénozoïque suivant des régimes alternants transtensifs et transpressifs qui ont permis l'installation de rides à sédimentation réduite et de nombreuses discordances sur les toits et aux flancs des structures. Les cartes isochrones des toits des horizons sismiques du Campanien-Maastrichtien jusqu'au Miocène montrent l'importance des failles EW à NE-SW dans le contrôle de la déformation du bassin. Ces failles assurent un découpage sub-losangique des différents domaines. On remarque la prédominance de la fracturation subméridienne au niveau de la partie NW de toutes les cartes (Figs.7.6-7.8). Cette structure montre pratiquement une géométrie qui exprime la fracturation et l'éclatement des structures plissées sous l'effet d'une montée diapirique. La structure est dominée par des failles chevauchantes NNE-SSW. Une zone très subsidente orientée NS séparée par des zones hautes depuis le Crétacé surtout au niveau des parties nord de la zone cartographiée. Toutes les cartes montrent des failles profondes de diverses directions d'EW à NE-SW depuis le Jurassique (F1-F6). Ces failles délimitent des bassins sub-losangiques. Ces structures montrent des géométries variables en anticlinaux, synclinaux et des plis-failles. Les structures plissées sont disposées en plis d'entraînement sur des failles coulissantes EW décrochantes dextres. Cette zone correspond à un nœud tectonique où s'interfèrent les directions des fracturations NE-SW, EW et NS. La montée du matériel salifère diapirique se fait vraisemblablement à la faveur de ces nœuds tectoniques. Elle correspond à des gouttières profondes qui peuvent atteindre -2560 ms. Les mouvements ont continué durant tout le Crétacé et le Paléogène. C'est à partir du Néogène qu'ils ont ralenti avec probablement un arrêt au Miocène supérieur, période durant laquelle le matériel salifère commence à s'injecter en lames assurant le décollement de la couverture au niveau de certaines structures. Les structures des séries de l'Eocène montrent des surrections dominées par des failles EW, NE-SW et NW-SE. Ces séries éocènes affleurent par endroit en surface. La direction NS des courbes isochrones est en relation avec des failles NS, tendant vers l'extrême est et se recoupant avec les failles F1 et F2, qui se prolongent vers le golfe de Hammamet (Bédir, 1995; Mzali et al., 2007; Ben Brahim et al., 2013) limitant une zone haute à l'Est de la zone d'étude (Fig.7.6). Des plis "en échelon" prennent naissance le long des failles EW avec des axes EW. Ces plis deviennent NE-SW à NS au Nord et au Sud le long des failles NS (Fig.7.7). Le régime tectonique transpressif du Miocène supérieur admettant une direction de contrainte principale NW-SE orthogonale aux failles et aux rides NS, a engendré une concentration des déformations conduisant à des chevauchements, rétro-chevauchements et des plis renversés moulés sur les masses triasiques sous-jacentes ce qui amplifie le jeu dextre de la faille F2 (Fig.7.2). Ce résultat rejoint ceux de l'Atlas centro-méridional de la Tunisie où l'halocinèse précoce jurassique a été expliquée par Bédir (1995) et Bédir et al. (2001).

En mer pélagienne, l'interprétation des données sismiques et des données des puits situés dans le golfe de Hammamet montre que ce domaine est traversé par des couloirs de décrochement continuellement réactivés, par des escarpements et des effondrements tectoniques en fossés de direction générale NW-SE. Il est formé par un ensemble de structures plissées de direction NE-SW (Pepe et al., 2004, 2005). La contrainte compressive qui a régi en mer pélagienne est de direction NW-SE. Elle provoque des failles inverses et normales et des effondrements des blocs de directions NW-SE. La mer pélagienne est façonnée entre Sicile et Tunisie, par l'installation de deux systèmes tectoniques indépendants et simultanés (Giunta et al., 2000). Le premier est extensif de direction NE-SW en créant des horsts et des grabens, alors que le second en subduction est lié à une compression de direction NW-SE dans l'arc Maghrébides-Sicile-Apennins. Ces deux régimes coexistent simultanément et indépendamment en Méditerranée centrale. Ils forment le moteur de la dynamique du Cénozoïque de la mer pélagienne (Ben Avraham., 1987, Tavarnelli et al., 2004). Le golfe de Hammamet est situé dans une zone de transition entre l'Atlas oriental/Sahel à l'Ouest et la Méditerranée orientale à l'Est. Cette zone a subi les conséquences tectoniques et sédimentaires des régimes compressifs alpin et atlasique vers l'Ouest avec un léger amortissement de la contrainte et un régime extensif est à l'origine du système de rifting en Méditerranée à l'Est. Il est formé par des paléo-hauts dans la partie est. Il correspond à une plateforme légèrement plissée et faillée du Jurassique au Quaternaire (Khomsi et al., 2006). Les séries sont affectées par des failles à jeu normal et d'autres à jeu inverse et des cisaillements de directions NW-SE et NE-SW. Les failles majeures se sont développées principalement dans la partie NW et SE de la plateforme au cours du Crétacé supérieur-Mio-Pliocène (Figs. 7.21, 7.22, 7.24, 7.25). Ces failles ont rejoué en inverse au cours des phases compressives alpine et atlasique. A partir du Miocène commence l'ébauche d'un bassin subsident après dislocation et basculement des blocs. Les accidents principaux sont aussi secondés par des failles antithétiques à rejet horizontal. Les failles de directions NS, EW et NW-SE qui sont enracinées et réactivées contrôlent l'architecture de cette plateforme. Les éléments structuraux qui se distinguent dans l'aire d'étude sont des basculements de blocs des bassin-grabens et des plis (Fig. 7.24, 7.25). Le fonctionnement de ces éléments structuraux s'effectue en lien avec des changements dans l'organisation lithostratigraphique des séries méso-cénozoïques et les styles tectoniques qui ont créé la complexité structurale du golfe de Hammamet (Figs. 7.30-7.31). La plateforme Halk El Menzel montre une variation de lithofaciès dans l'espace et dans le temps, des hiatus, des discordances, des réductions d'épaisseur et des biseautages (Figs. 7.30, 7.31). La formation El Haria d'âge maastrichtien-paléocène s'épaissit en direction du NW sur la plateforme Halk El Menzel (Fig. 7.21). Elle repose en discordance par endroit sur les calcaires du Campanien dans les puits P12 et P15 (Figs. 7.30, 7.31, 7.32). L'épaississement s'accompagne d'un passage de calcaires crayeux de la formation Abiod déposés en milieu relativement profond, à des alternances d'argiles légèrement carbonatées et de marnes de milieu marin profond de la formation El Haria. L'augmentation en puissance de cette série est assurée par un jeu normal de failles (F2-F3) à regard NW durant le Maastrichtien-Paléocène (Fig. 8.1). On pense donc que les hiatus sédimentaires sont dus à des paléo-hauts. Les failles préexistantes sont probablement à l'origine d'une subsidence progressive. La variation des épaisseurs de la formation El Haria de part et d'autre des failles témoigne le jeu normal lors de la sédimentation (Figs.7.21, 7.22). Les séries sédimentaires montrent des variations des épaisseurs le long du golfe de Hammamet, liées à l'architecture héritée des séries sous-jacentes. Les structures plissées et épaisses sont situées dans la partie NW du golfe de Hammamet et sont affectées par des failles inverses, alors que les séries soulevées vers le SE sont affectées par des failles normales qui ont engendré des structures en horsts et en grabens. Ce qui laisse penser que le golfe de Hammamet était le siège de deux mouvements tectoniques conjuguées (Figs.7.16-17), dont une compression dans la partie NW lors de la phase compressive atlasique et une distension dans sa partie SE qui s'étend vers la mer pélagienne surtout au Miocène, liée à la rotation antihoraire du bloc corso-sarde. La série carbonatée de la formation Bou Dabbous est délimitée par une discordance. Elle est absente au niveau des puits surtout dans la partie ouest de la plateforme Halk El Menzel (Fig.7.30). La lacune sédimentaire est due à une compression de direction NW-SE qui a créé des structures plissées et faillées du Crétacé-Eocène. Cette compression a créé une remontée des blocs plissés et tiltés. Une inversion tectonique se produit pendant cette phase compressive éocène (phase alpine) (Fig.7.21). Cette inversion est à l'origine de l'émersion et l'effondrement de certaines zones et par la suite la création d'espace disponible pour le dépôt et la remontée et l'exposition d'autres blocs à l'érosion. La phase transpressive de l'Eocène a induit une rotation de blocs de couverture préexistants (Castany, 1951, 1952; Haller, 1983; Roure et al., 2012). Dans le golfe de Hammamet, apparaissent alors en bordure de ces blocs, des structures plicatives, érigées en paléo-hauts. Des structures similaires, au même âge dans le Sahel tunisien, s'expliquent par une compression de l'Eocène (Haller, 1983, Boussiga, 2005, 2006; Sebeï, 2007). Les dépôts siliciclastiques terrigènes de l'Oligocène-Miocène inférieur sont bien développés dans la partie ouest de la plateforme de Halk el Menzel (Fig.8.1a). Ces dépôts reposent en discordance sur les calcaires de la formation Bou Dabbous (Yprésien). Ils passent latéralement en calcaires para-récifaux déposés en milieu peu profond (formation Ketatna) et en argiles pélagiques à intercalations de calcaires et de marnes plus ou moins gréseuses de la formation Salambô à l'Est et au SE. On remarque aussi, une variation de la profondeur du milieu de dépôt qui croit d'Ouest en Est. Une tectonique distensive orientée N45° (Haller, 1983), effondre des bassin-grabens à apport terrigènes et fluviatiles de l'Oligocène-Miocène inférieur (Aquitanien-Burdigalien), dans le Sahel et plus au Nord à la péninsule du Cap Bon (Ben Salem, 1995; Bédir, 1995; Bédir et al., 1996). Un paléo-stress transtensif de direction NE-SW, en relation avec la phase tectonique distensive au cours de l'Oligocène, a été mis en évidence (Burollet et al., 1978; Letouzey et Trémolières., 1980; Burollet, 1991). Cette extension est à l'origine d'une remobilisation des accidents transverses au bloc Halk El Menzel et les dépôts siliciclastiques terrigènes de la formation Fortuna se produisent dans des grabens et demi-grabens de direction NE-SW.

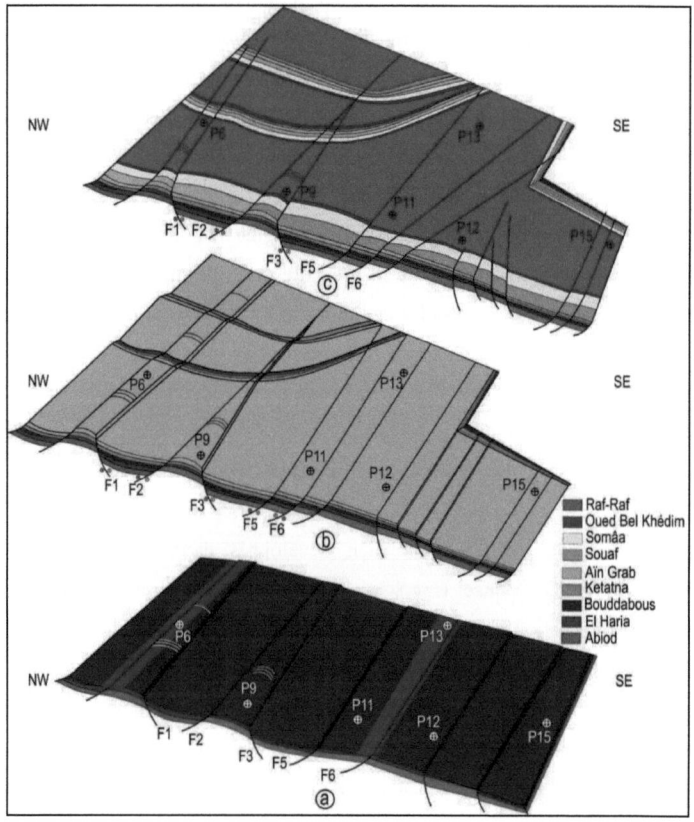

Fig.8.1. Modèle géodynamique possible de l'évolution des séries du Crétacé au Mio-Pliocène dans le golfe de Hammamet

Au Langhien inférieur, une plateforme carbonatée riche en pectens et en lamellibranches est déposée conjointement à une submersion rapide qui a envahi toute la région (Fig.7.26, Fig. 8.1b). Les séries se déposent en horsts et grabens suite à l'extension NE-SW. Cette transgression a été mise en évidence en onshore au Cap Bon (Ben Ismail et Bobier, 1984; Bédir et al., 1996), au Sahel de Tunisie (Bédir, 1995) et en

Méditerranée orientale (Boujemaoui et Inoubli, 2003). La subsidence se poursuit au cours du Miocène supérieur. Des séries siliciclastiques des formations Birsa et Saouaf se déposent avec de rares intercalations des bancs de calcaires. Les séries calcaires faillées et basculées d'Aïn Grab jouent le rôle d'un substratum pour les séries sous-jacentes. La distension NW-SE se poursuit jusqu'au Serravalien. La variation latérale d'épaisseurs des séries miocènes est en étroite liaison avec l'architecture des séries Aïn Grab. Ainsi les séries épaisses viennent se déposer dans les grabens ou les bassins. Alors que les séries à faible épaisseur se déposent sur des structures hautes ou horsts (Fig.8.1b). Une compression de direction NW-SE a eu lieu au Miocène supérieur (Tortonien-Messinien). Elle a engendré des structures plissées de direction NE-SW, souvent affectées par des failles inverses orientées NE-SW (Fig.8.1c). Les anciennes failles normales ont rejoué de nouveau en inverses. Cette compression est à l'origine de la migration des dépocentres des bassins. Les structures plissées sont souvent orientées NE-SW avec des variations remarquables des épaisseurs. Au Pliocène des séries silico-clastiques montrent des épaississements et amincissements (Fig.8.1c). Ces dernières suivent l'architecture des bassins qui ont migré sous l'influence de la compression au Tortonien-Messinien. Les séries pliocènes reposent en discordance sur les séries miocènes qui ont été plissées et érodées. Il apparait nettement une inversion des séries sédimentaires pliocènes et miocènes, matérialisée par une variation des épaisseurs. La succession des phases distensives au Miocène inférieur et compressives au Miocène supérieur sont responsables de la migration de dépocentres des bassins. Les bassins ou les grabens au Miocène inférieur sont transformées en horsts ou zones hautes. Lors de dépôt des séries plio-quaternaires, les anciennes failles ont été reprises en décrochements compressifs orientés NNW-SSE accentués donnant lieu à des plis de direction NE-SW le long des bordures des failles formant ainsi des zones hautes (Fig.7.17). On remarque la présence d'une tectonique compressive amplifiée surtout au Pliocène où les failles EW, N120° et N140° présentent des jeux dextres à composantes inverses. On distingue deux phases de distension, l'une intra-miocène et l'autre pliocène. Elles sont à l'origine de l'inversion des bassins (Fig.7.16). La distension au Miocène est responsable de l'épaississement et donc de la création de micro-bassins qui se poursuit par une distension au Pliocène. Cette inversion observée dénote donc une tectonique compressive.

La région du Sahel est située en avant de l'axe NS et de la dorsale de Tunisie qui correspondent à des limites franches à l'extension de la déformation atlasique à l'Ouest. Cette zone a subi plus à l'Est l'effet de la contrainte compressive du Cénozoïque et est formée par des structures plissées faillées et en relais. La tectonique compressive de la plateforme de Sahel qui a engendré des structures plicatives s'amortit considérablement puis devient plus stable vers la mer pélagienne (Fig.8.2). Des plis de direction NS à NNE-SSW se développent parallèlement à l'axe NS au Cap Bon et au Nord du Kairouan. Les plus proches de l'axe NS sont plissées et exposées en surface, alors que ceux qui sont situés dans la plateforme de Sahel et en mer pélagienne sont enfouis sous d'épaisses séries plio-quaternaires (Fig.8.2). Des structures larges et plissées dans la partie est de l'axe NS témoignent de l'absorption et de la chute de l'intensité de contrainte en transpression vers l'Est. Les structures de l'axe NS jouent le rôle d'une masse résistante, en amortissant l'intensité de contrainte de la transpression cénozoïque à l'Est. La contrainte compressive s'amortit complètement plus à l'Est en mer pélagienne où des plateformes carbonées et des grabens prennent place dans le golfe de Hammamet et en mer pélagienne pendant des périodes compressifs en zone atlasique par convergence en rotation antihoraire entre Afrique et Eurasie (Bédir, 1995; Bédir et al., 1996; Guiraud et al., 2005; Boussiga, 2008; Sebeï, 2008). Le Sahel et le bloc pélagien semblent n'avoir pas subi les mêmes contraintes tectoniques qu'en Tunisie atlasique. Il s'agit donc d'une zone de transition de la contrainte située juste après l'axe NS en direction vers l'Est. La tectonique compressive cénozoïque a engendré des plis-failles des cisaillements et des inversions tectoniques des séries enfouies sous d'épaisses couvertures dans le Sahel et en mer pélagienne (Fig.8.2).

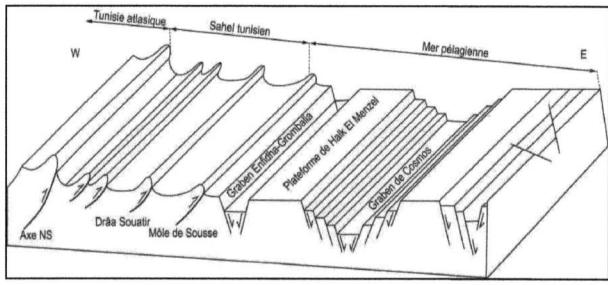

Fig.8.2. Modèle géologique possible, simplifié de l'état actuel du Sahel tunisien et du golfe de Hammamet.

II. Implication Pétrolière

En Tunisie nord orientale, les réservoirs pétroliers ont un âge qui varie de l'Aptien au Mio-Pliocène où il y a de nombreuses accumulations d'hydrocarbures (HC). Mais les cibles sont généralement les séries miocènes en offshore. Ces séries sont bien développées et peuvent atteindre une épaisseur de plus de 3000 m dans certains forages. La subsidence active au Miocène en Tunisie nord orientale (Ellouz, 1984) a favorisé l'enfouissement rapide des dépôts. En plus, l'activité tectonique intense qui a marqué la Tunisie nord orientale (Bédir, 1995; Chihi, 1995) est en faveur d'une rapidité d'enfouissement et de la préservation des structures et des pièges. D'autre part, les séries miocènes sont constituées de dépôts de haute énergie intercalés par des niveaux à énergie calme. Ainsi au Miocène, en offshore les grès du groupe Oum Dhouil (Birsa, Saouaf et Beglia) et les calcaires lumachelliques de la formation Aïn Grab, présentent d'excellentes qualités de réservoir avec une porosité moyenne qui dépasse 25% et une perméabilité de 1000 mD. Ces séries sont en majorité argilo-sableuses appartenant à un domaine deltaïque qui génère des réservoirs multicouches. Les carbonates de Bou Dabbous et Ketatna de l'Eo-Oligocène, sont considérés comme de bons réservoirs en offshore. Ainsi Les calcaires nummulitiques de la formation El Garia, d'âge éocène inférieur et les calcaires crétacés de la formation Abiod sont aussi de bons réservoirs. Ces réservoirs se caractérisent par des fracturations intenses. Les caractéristiques pétrophysiques de ces réservoirs carbonatés sont améliorées par la fracturation qui permet d'augmenter l'interconnexion des pores, engendrant ainsi une porosité et une perméabilité secondaire. Ces réservoirs siliciclastiques et carbonatées sont productifs en Tunisie nord-orientale (Bishop, 1988; Ben Ferjani et al., 1990; Messaoudi et Hamouda, 1994) (Tableau 8.1). Les pièges pétroliers sont soit structuraux sous forme de plis-failles, de blocs basculés et d'anticlinaux faillés soit stratigraphiques par variation latérale de faciès ou intercalation de masses sédimentaires poreuses dans les séries imperméables. Les formations Fahdène et Bou Dabbous forment les principales roches mères qui alimentent principalement ces réservoirs, dont les caractéristiques sont: (i) les niveaux argileux du Miocène qui sont riches en matière organique peuvent générer des huiles. (ii) la roche mère Bou Dabbous qui présente des discordances et des lacunes par endroit, formée par des calcaires en plaquettes légèrement argileux, riches en Bélemnite d'épaisseur variant de 100 à 50 m. Celle-ci présente une bonne une teneur en carbonates organiques (TCO) de 1.5 à 2.5%, des potentiels pétroliers de 6 à 15 mg/g HC de roche (hydrocarbure) avec un indice d'hydrogène (IH) de 300 à 600 mg HC/g TCO. (iii) la formation Fahdène d'âge albien est composée d'argiles à alternances de calcaires d'épaisseur moyenne de 250 à 300 m avec une teneur en TCO de 1 à 2.5% et un IH de 250 à 500 mg HC/g TCO. Les indices d'hydrogène montrent que la roche mère Bou Dabbous est mature à peu mature. L'histoire de la maturation et de la température, montre que la subsidence et le flux thermique (propriétés physiques du sédiment, pression, nature du fluide) contrôlant la maturation de la matière organique et la génération des hydrocarbures ont fonctionné depuis le Langhien dans le golfe de Hammamet (Yukler et al., 1994). Au cours de cette période, des dépocentres se sont bien développés juste après le dépôt de la formation Aïn Grab. Les périodes d'accumulation, maturation des roches mères, de fenêtre à huile et d'expulsion et la migration des hydrocarbures sont en relation avec les événements géodynamiques lors de la phase atlasique. La plupart des pièges miocènes ont été formés au cours de cette phase, mais leur configuration est fortement contrôlée par l'activité tectonique pliocène. On peut déduire donc que la formation des pièges a eu lieu avant l'expulsion des hydrocarbures ou synchrone à la migration des hydrocarbures.

Roche réservoir	Types de pièges	Champs pétroliers
Formation Abiod (Campanien-Maastrichtien inférieur)	structuraux	Sidi Kilani/Sahel
Formation El Garia (Yprésien)	failles bordant blocs tiltés	Ashtart/golfe de Gabès
Formation Bou Dabbous (Yprésien)	stratigraphiques/structuraux	Belli, El Menzah/ Cap Bon
Membre Reinèche (Lutétien)	blocs tiltés	Cercina/golfe de Gabès
Formation Kétatna (Oligo-Miocène inférieur)	stratigraphiques	Halk El Menzel/golfe de Hammamet
Formation Aïn Ghrab (Langhien)	structuraux/stratigraphiques	

Tableau 8.1. Table récapitulatifs des roches réservoirs/ pièges et Champs pétroliers dans le Sahel et le golfe de Hammamet.

Conclusion

Le Sahel et son prolongement en mer pélagienne sont constitués de l'avant pays de la chaîne atlasique. Ce domaine se raccorde à une zone de croûte continentale amincie vers le NE. Il est limité à l'Ouest et au NW par le couloir de failles de l'axe NS et par l'accident de Zaghouan qui le sépare du domaine atlasique et à l'Est tend vers la mer pélagienne. Il correspond à une plateforme stable régulièrement mais lentement subsidente au Mésozoïque. Au Cénozoïque, la subsidence devient plus active et permet l'accumulation de puissantes séries sous contrôle tectonique. Cette zone a subi des inversions de subsidences et tectonique après un polyphasage tectonique du Crétacé au Mio-Plio-Quaternaire. Les indices d'évènements principaux qui ont généré les structures atlasiques sont enfouis sous une épaisse couverture quaternaire. A partir des observations de surface, des mesures microtectoniques, des coupes et logs lithostratigraphiques avec celles des données de forages pétroliers et des profils sismiques onshore et offshore, on constate: (i) une variation latérale et en profondeur des séries lithostratigraphiques, (ii) la zone est très faillée en subsurface et est caractérisée par une évolution structurale complexe et des décrochements auxquels sont associés des bassins. Ces variations sont sous contrôle de la tectonique et de l'eustatisme. On remarque aussi, que la plateforme orientale n'est affectée que par des plis de direction N45°, accompagnés souvent par des failles inverses et associés à des décrochements N90-110° dextres et N160-180° sénestres. Elle correspond à un domaine d'avant-pays qui représente une zone de déformation plissée et cisaillée. Les déformations tectoniques reconnues par les données sismiques n'affectent que des zones étroites, allongées et orientées selon trois directions majeures: N45°, N100-120° et N160-180°. Ces zones mobiles à plusieurs époques géologiques et tectoniquement complexes, délimitent de vastes secteurs peu ou pas déformés. Les données microtectoniques dévoilent une dominance des fractures NW-SE, NNE-SSW et NE-SW à ENE-WSW respectivement sur les formations du Valenginien-Tortonien, Aptien et Yprésien, et Aptien, Yprésien et Langhien. Les donnés sismiques, de puits et microtectoniques ont permis de mettre en évidence plusieurs phases tectoniques: (a) une phase extensive au Crétacé de direction moyenne N110° matérialisées par des failles normales subméridiennes, NW-SE à WNW-ESE dextres, des failles ENE-WSW à NE-SW normales senestres et des failles inverses, (b) une compression de direction NW-SE pendant l'Eocène, qui a été à l'origine de plissement, d'exhaussement et l'inversion des bassins(c) une extension de direction NE-SW à l'Oligocène, qui a crée des grabens et des bassins profonds (d) une compression de direction NW-SE au Tortonien qui a généré des structures plissées de direction NE-SW. Elles sont souvent affectées par des failles inverses orientées NE-SW. Elle est à l'origine de la migration des dépocentres des bassins, (e) une distension au Messinien qui a engendré des structures en fleurs et enfin (f) une compression au Pliocène de direction NW-SE. Au Pliocène des séries silico-clastiques se sont plissés. Ces dernières ont suivi l'architecture des bassins qui ont migré sous l'influence de la compression au Tortonien et la distension au Messinien. Plusieurs discordances et lacunes ont été déterminées: (i) la formation Abiod / El Haria (Crétacé supérieur/Paléocène), (ii) Bou Dabbous/Fortuna (Eocène supérieur/Oligocène inférieur), (iii) Fortuna/Aïn Grab (Oligocène supérieur /Miocène inférieur), (iv) Oued Belkhédim/Rafraf (Miocène supérieur/Pliocène inférieur). Ces discordances sont généralement liées aux phases compressives qui les exposent à l'érosion. Les phases alpine et atlasique s'amortissent vers l'Est (onshore-offshore) et leurs intensités diminuent de l'Ouest et le Nord-Ouest où l'on observe des zones fortement faillées et plissées, alors qu'en allant vers l'Est, les zones sont faillées, légèrement plissées et structurées en horsts, en grabens et blocs affaissés. Les réservoirs sont bien développés dans le Sahel et en mer pélagienne. Ils sont de types carbonatés et fracturés tels que les calcaires de l'Abiod, Metlaoui, les calcaires de Souar et Chérahil, Aïn Grab et siliciclastiques comme ceux du groupe Oum Dhouil. Des pièges structuraux et stratigraphiques qui se sont formées soit par l'effet de la tectonique lors des phases compressives, soit par variation latérale des faciès. Le dépôt d'épaisses séries argileuses pendant l'Eocène (Souar et Chérahil) et au Miocène (Oum Dhouil) constituent de bonnes couvertures continues qui scellent les structures des réservoirs plissées et faillées. Les profils sismiques montrent des pièges qui sont associés à des structures plissées et fermées par failles et des pièges stratigraphiques par changement de faciès. Les inversions structurales et la tectonique tangentielle en Tunisie orientale jouent un rôle important dans la structuration de la couverture et aussi dans celle de l'évolution du système pétrolier. Les réservoirs sont alimentés par des roches mères du Crétacé (formation Bahloul) et de l'Eocène (Metlaoui). On est en présence d'un bon système pétrolier.

Perspectives

La plateforme de Sahel correspond à une plaine où apparaissent de rares affleurements. D'épaisses séries plio-quaternaires qui couvrent toute la zone ce qui complique son étude, et les seules indices microtectoniques sont au niveau des séries qui affleurent. Une étude sismique de cette zone et de la mer pélagienne s'avère très importante. Son étude géophysique à travers les profils sismiques et les données des puits pétroliers nous permet de refaire une évaluation économique de point de vu pétrolier et de la connaitre pour contribuer à une exploitation judicieuse de ses ressources dans le territoire onshore/offshore (plateforme de Sahel / golfe de Hammamet / mer pélagien), qui correspondent à une aire géologique encore mal discernée, située entre la Tunisie Tellienne/Atlasique et la Mer Méditerranée orientale. Les données sismiques et microtectoniques analysées en Tunisie nord-orientale, nous conduisent, à un nouveau regard sur les structures, dans lequel les inversions structurales cénozoïques et la tectonique tangentielle jouent un rôle important non seulement dans la structuration de la couverture sédimentaire méso-cénozoïque mais également dans celle de l'évolution des systèmes pétroliers de l'Avant-pays de la Tunisie, et dans les bassins de subsurface du Sahel. Ainsi, l'analyse des lignes et des cartes sismiques et des corrélations lithostratigraphiques montre l'existence des pièges anticlinaux avec fermeture sur faille et pièges stratigraphiques par changement de faciès tels que la formation Ketatna, alors que la formation Métlaoui pourrait jouer le rôle de roche mère et de réservoir. On pensait qu'il y a autant de structures pièges potentielles n'ont pas encore été forées dans le Sahel et en mer pélagienne.

Pour réaliser une étude bien détaillée des structures en subsurface et pour identifier le système pétrolier, on aura besoin de la sismique de haute résolution et plus de forages pétroliers qui couvrent toute cette zone pour l'élaboration de cartes sismiques et la modélisation géologique 3D des réservoirs. Des données sismiques d'une haute précision peuvent nous renseigner aussi sur l'évolution et la transition structurale onshore/offshore.

Références

Abbes, C., Turki, M.M., Truillet, R., 1981. Un élément structural nouveau dans l'Atlas tunisien: le contact tangentiel décakilométrique à vergence Ouest des Jebels Ousselat et Bou Dabbous (axe Nord-Sud Tunisie). *C. R. Acad. Sci.*, Paris, 292, 173-176.

Abbes, C., 1983. Etude structurale du Jebel Touila. Extrémité septentrionale du chaînon N-S de Sidi Kralif-Nara-El Haouareb. *Thèse de Doctorat 3ᵉᵐᵉ cycle*, Faculté des Sciences de Tunis, Université de Tunis El Manar II, 121p.

Abbes, C., 2004. Structuration et évolutions tectono-sédimentaires mésozoïques et cénozoïques associées aux accidents reghmatiques à la jonction des marges téthysienne et nord-africaine (Chaîne nord-sud, Tunisie centrale). *Thèse ès. Sciences*, Faculté des Sciences de Tunis, Université de Tunis El Manar II, 437p.

Abdeljaouad, S., 1983. Etude sédimentologique et structurale de la partie Est de la chaîne Nord des Chotts. *Thèse 3ᵉᵐᵉ cycle*, Faculté des Sciences de Tunis, Université de Tunis El Manar II, 148p.

Addoum, B., 1995. L'Atlas Saharien Sud Oriental. Cinématique des plis-chevauchements et reconstitution du bassin du Sud–Est constantinois (confins algéro-tunisiens). *Thèse, Univ.* Paris Sud, Orsay, 158p.

Adil, S., 1993. Dynamique du Trias dans le Nord de la Tunisie : bassins en relais multiples de décrochements, magmatisme et implications pétrolières. *Thèse de Doctorat*, Faculté des Sciences de Tunis, Université de Tunis El Manar II, 248p.

Ahlbrandt, T.S., 2001. The Sirte basin Province of Libya-Sirte-Zelten. Total Petroleum Systems: *U.S. Geological Survey Bulletin*, 2202-F, 29p.

Aïssaoui, D., 1984. Les structures liées à l'accident sud-atlasique entre Biskra et le Jebel Manndra, Algérie: Evolution géométrique et cinématique, *Thèse de Doctorat 3ᵉᵐᵉ cycle*, Univ. Louis Pasteur, Strasbourg, 145p.

Aïssaoui, S., Ben Gacha, A., 1992. Etude géologique et géophysique du bloc Kerkouane. Potentiel pétrolier. *Prospects and Leads*, Entreprise Tunisienne d'Activités Pétrolières (ETAP), 287p.

Aïté, M.O., Gélard, J.P., 1997. Distension néogène post-collisionnelle sur le transect de Grande Kabylie (Algérie). *Bulletin Société Géologique de France 168*, 423-436

Allmendinger, R.W., Marrett, R.A., Cladouhos, T., 1994. FaultKin V. 4.3.5. A Program for Analyzing Fault-slip Data on a Macintosh Computer. © *Absoft Corp.*, 1988-2004.

Allmendinger, R.W., Cardozo, N., Fisher, D., 2012, Structural geology algorithms: Vectors and tensors in structural geology. *Cambridge University Press*, 302p.

Alouani, R., 1991. Le Jurassique du Nord de la Tunisie: Marqueurs géodynamique d'une marge transformante: turbidites, radilarites, plissement et métamorphismes. *Thèse de spécialité*. Faculté des Sciences de Tunis, Université de Tunis El Manar II, 202p.

Amari, A., Bédir, M., 1989. Les bassins quaternaires du Sahel central de la Tunisie, genèse et évolution des sebkhas en contexte décrochant compressif et distensif. *Rev. Géodyn.*, 4, 49-65.

Anderson, H.A., Jackson, J.A., 1987. Active tectonics of the Adriatic region, *Geophys. J. R. Astr. Soc.*, *91*, 937-983.

Anderson, J.E., 1996. The Neogene structural evolution of the western margin of the Pelagian Platform. Central Tunisia. *Journal of structural geology*, 18, 819-833.

Aris, Y., Coifait, P.E., Guiraud, M., 1998. Characterisation of Mesozoïc-Cenezoïc deformation and paléostress fields in the central Constantinois, North-East Algeria. *Tectonophysics*. 290, 59-85.

Argus, D. F., Gordon, R.G., De Mets, C., Stein, S., 1989. Closure of the Africa-Eurasia-North America Plate Motion Circuit and Tectonics of the Gloria Fault. *J. Geophys. Res.*,
94(B5), 5585-5602.

Bédir, M., 1995. Mécanismes géodynamiques des bassins associés au couloir de coulissements de la marge atlasique de la Tunisie : seismo-stratigraphie, seismo-tectonique et implications pétrolières. *Thèse de Doctorat ès-Sciences*, Faculté des Sciences de Tunis, Université de Tunis El Manar II, 416p.

Bédir, M., Zargouni, F., 1986. Structuration post-miocène des bassins sédimentaires du Sahel de Mahdia : analyse géométrique et cinématique des données de subsurface. *Rev. Sc. Terre*, 4, 55p.

Bédir, M., Bobier, C., 1987. Les grabens de Mahdia et Sidi Cherif (Tunisie orientale), dynamique des fossés oligo-miocènes induits au toit d'anticlinaux crétacés éocènes par les jeux au Néogène de décrochements est-ouest et nord-sud. *Bulletin Société Géologique de France*, 3, 1143-1151.

Bédir, M., 1988. Géodynamique des bassins sédimentaires du Sahel de Mahdia (Tunisie orientale) de l'Aptien à l'actuel. Sismostratigraphie, Sismotectonique et Structurale. Répercutions pétrolières, hydrologiques et sismiques. *Thèse de Doctorat 3ème cycle,* Faculté des Sciences de Tunis, Université de Tunis El Manar II, 217p.

Bédir, M., Zargouni, F., Tlig, S., Bobier, C.L., 1992. Subsurface geodynamics and petroleum geology of transform margin basins in the Sahel of Mahdia and El Jem (Eastern Tunisia). *AAPG Bulletin,* 76 (9), 1417-1442.

Bédir, M., 1995. Mécanismes géodynamiques des bassins associés aux couloirs de décrochements de la marge atlasique de la Tunisie. Séismo-stratigraphie, Séismo-tectonique et implications pétrolières. *Thèse d'Etat,* Faculté des Sciences de Tunis, Université de Tunis El Manar II, 407p.

Bédir, M., Tlig, S., Bobier, C.L., Issaoui, N., 1996. Sequence stratigraphy, Basin dynamics and petroleum geology of Miocene from the eastern Tunisia. *AAPG Bulletin,* 80 (1), 63-81.

Bédir, M., Zitouni, L., Boukadi, N., Tlig, S., Alouani, R., Bobier, Cl., 2000. Rifting, halocinèse et structuration des bassins péri-téthysiens jurassiques et Crétacé inférieur de subsurface sur la marge atlasique centre-ouest de la Tunisie (Région de Gafsa-Sidi Ali Ben Oun. *Africa Geoscience Review,* 7 (3), 289-306.

Bedir, M., Boukadi, N., Tlig, S.,.Ben Timzal, F., Zitouni, L., Alouani, R., Slimane, F., Bobier Cl., ZargounI, F., 2001. Subsurface Mesozoïc basins in the central Atlas of Tunisia: Tectonics, Sequence deposit distribution and Hydrocarbon potential. *American Association of Petroleum Geologist Bulletin. AAPG,* 85 (5) 885-907.

Bajnick, S., Bielley, A., Salaj. J., Batti, D., 1978. Notice explicative de la carte géologique d'Enfidha.

Belhaj, A.M., 1979. Etude géologique de Jebel Goraa (region de Téboursouk, Atlas tunisien). *Thèse 3ème cycle.* Univ. Pierre et Marie Curie, Paris I, 119p.

Ben Avraham, Z., Nur, A., Cello, G., 1987. Active transcurrente fault system along the north African passive margin. *Tectonophysics,* 141, 249-260.

Ben Ayed, N., 1975. Etude géologique des cuvettesde Siliana et Sers (Atlas tunisien central). *Thèse de Doctorat 3ème cycle,* Univ. ParisVI, 82p.

Ben Ayed, N., Bobier, C., Viguier, C., 1978. Sur la tectonique récente de la plage du R'Mel, à l'Est de Bizerte (Tunisie nord-orientale), *Géol. Medit.,* VI, 423-426.

Ben Ayed, N., 1980. Le rôle des décrochements Est-Ouest dans l'évolution structurale de l'Atlas tunisien. *C.R. Sommaire Société Géologique de Franc,e* Paris, 1, 29-32.

Ben Ayed, N., Viguier, N., 1981. Interprétation structurale de la Tunisie atlasique, *C. R. Acad. Sc.*, 292(II), 1445-1447.

Ben Ayed, N., Khessibi, M., 1983. Evolution géodynamique de la Djeffara tunisienne au cours du Mésozoïque. *Notes du Service géologique de Tunisie*, 47, 41-43.

Ben Ayed, N., 1986. Evolution tectonique de l'avant pays de la chaîne alpine de Tunisie du début du Mésozoïque à l'Actuel. *Thèse Doctorat d'Etat*, Université Paris Sud, France, 328p.

Ben Brahim, G., Brahim, N., Turki, F., 2013. Neogene Tectonic Evolution of the Gulf of Hammamet Area, Northeast Tunisia offshore. *Journal of African Earth Sciences*, 13, 343-464.

Ben Ferjani, A., Burollet, P.F., Mejri, F., 1990. Petroleum geology of Tunisia. *Entreprise Tunisienne d'Activités Pétrolière ETAP Memoir Ed.*, 194p.

Ben Ismaïl-Lattrache, K., Bobier. Cl., 1984. Sur l'évolution des paléo-environnements marins paléogènes des bordures occidentales du détroit siculo-tunisien et leurs rapports avec les fluctuations du paléo-océan mondial. *Marine Geology*, 55, 195-217.

Ben Ismail-Lattrache, K., 2000. Précision sur le passage Lutétien-Bartonien dans les dépôts éocènes moyens en Tunisie centrale et Nord orientale. *Rev. Micropal.*, 43, 3-16.

Ben Jemia-Fakhfakh, H., 1991. Les calcaires de l'Eocène inférieur en Tunisie centro-septentrionale: sédimentologie, paléogéographie. *Thèse de Doctorat d'Université*, Université Franche Comté, Besançon, 161p.

Ben Salem, H., 1992. Contribution à la connaissance de la géologie du Cap Bon: stratigraphie, tectonique et sédimentologie. *Thèse de Doctorat*, Faculté des Sciences de Tunis, Université de Tunis El Manar II , 144p.

Ben Salem, H., 1995. Evolution de la péninsule du cap Bon (Tunisie orientale) au cours du Néogène. *Notes du Service géologique de Tunisie*, 61, 73-84.

Besème, P., Blondel, T., 1989. Les séries à tendance transgressive marine du Miocène inférieur à moyen en Tunisie centrale. Données sédimentologiques, biostratigraphiques et paléo-écologiques. *Rev. Paléobiologie, Genève*, 8(1), 187-207.

Biely, A., Memmi, L., Salaj, J., 1973. Le Crétacé inferieur de la région d'Enfidha. Découverte d'Aptien condensé. Livre jubilaire M. Solignac. *Annales des Mines et de la Géologie, Tunis*, 26, 168-178.

Biju-Duval, B., Dercourt, J., Le Pichon, X., 1977. From the Tethys ocean to the Mediterranean seas: a plate tectonic model of the evolution of the western Alpine system, *In: Biju-Duval, B. and Montadert, L. (eds.), International symposium on the structural history of the Mediterranean basins*, 143-164.

Bishop, W.F., Debono, G., 1996. The hydrocarbon geology of southern offshore Malta and surrounding regions. *Journal of Petroleum Geology*, 19 (2), 129-160.

Bishop, W., 1988. Petroleum geology of East-Central Tunisia. *American Association of Petroleum Geologists Bull.*, 9, 1033-1058.

Bismuth, H., 1984. Les unités lithostratigraphiques du Miocène en Tunisie orientale. Journée de Nomenclature et Classification Stratigraphique en Tunisie. *Société Sciences de la Terre, Tunis*, 2p.

Bismuth, H., Hooberghs, H.J.F., 1994. Foraminifères planctoniques et biostratigraphie de l'Oligocène et du Néogène dans le sondage Korba 1 (Cap Bon, Tunisie Nord-Orientale). *Bull. Cent. Rech. Expl. Prod. Elf Aquitaine*, 18, 489-527

Blanpied, C., 1978. Structure et sédimentation superficielles en mer pelagienne (côtes orientales de la Tunisie). *Thèse de Doctorat 3ème cycle*, Université de Paris VI, 119p.

Blanpied, C., Bellaiche, G., 1983. The Jeffara trough (Pelagian Sea); structural evolution and tectonic significance. *Marine Geol.*, 51, 1-10.

Blondel, T., 1991. Les séries à tendance transgressive marine du Miocène inférieur à moyen de Tunisie centrale. *Thèse de Doctorat, Université de Genève*, 409p.

Bobier, C., Vigier, C., Chaari, A., Chine, A., 1991. The post-Triassic sedimentary cover of Tunisia: Seismics sequences and structures. *Tectonophysics*, 195, 371-410.

Bonini, M., Sokoutisb, D., Mulugetac, G., Katrivanos, B., 2000. Modelling hanging wall accommodation above rigid thrust ramps. *Journal of Structural Geology*, 22, 1165-1179.

Bouaziz, S., 1995. Etude de la tectonique cassante dans la plateforme et l'Atlas saharien : évolution des paléochapms des contraites et implications géodynamiques. *Thèse de Doctorat d'Etat*, Faculté des Sciences de Tunis, Université de Tunis El Manar II, 485p.

Bouaziz, S., Barrier, E., Soussi, M., Turki, M.M., Zouari, H., 2002. Tectonic evolution of the northern African margin in Tunisia from paleostress data and sedimentary record. *Tectonophysics*, 357, 227-253.

Bouaziz, S., Jedoui, Y., Barrier, E., Angelier, J., 2003. Néotectonique affectant les dépôts marins tyrrhéniens su litoral sud-est: Implication pour les variations du niveau marin. *C. R. Geosciences*, 335, 247-254.

Boudiaf, A., Philip, H., Ritz, J., 1999. Découverte d'un chevauchement d'âge quaternaire au Sud de la Grande Kabylie (Algérie). *Geodynamica Acta.*, 12 (2), 71-80

Boujemaoui, M., 2000. Stratigraphie séquentielle et sismique des faciès du Miocène de la Tunisie nord-orientale (compilation des données sismiques, diagraphiques et sédimentologiques). *Thèse de Doctorat 3ème cycle*, Faculté des Sciences de Tunis, Université de Tunis El Manar II, 201p.

Boujemaoui, M., Inoubli, M. H., 2003. Organisation séquentielle des dépôts miocènes de la Tunisie nord-orientale. Intégration de données sismiques, diagraphiques et sédimentologiques. *Société d'Histoire Naturelle de Toulouse*, 139, 17-30.

Bouillin, J.P., 1986. Le bassin Maghrébin: une ancienne limite entre l'Europe et l'Afrique à l'Ouest des Alpes, *Bulletin Société Géologique de France*, 8(2), 547-558.

Bonnefous, J., Bismuth, H., 1982. Les faciès carbonatés de plateforme de l'Eocène moyen et supérieur dans l'offshore tunisien nord-oriental et en mer pélagienne: implications paléogéographiques et analyse micropaléontologique. *Bull. Cent. Rech. Expl. Prod. Elf- Aquitaine*, 6, 337- 403.

Boukadi, N., 1985. Evolution géométrique et cinématique de la zone d'interférence de l'axe NS et de la chaîne de Gafsa (Meknessy-Mezzouna et Jebel Bou Hedma) Tunisie. *Thèse de Doctorat 3ème cycle*, Université de Strasbourg, 155p.

Boukadi, N., 1994. Structuration de l'Atlas de Tunisie : signification géométrique et cinématique des nœuds et des zones d'interférences structurales au contact des grands couloirs tectoniques. *Thèse de Doctorat 3ème cycle*, Faculté des Sciences de Tunis, Université de Tunis El Manar II, 249p.

Boussiga, H., Inoubli, M.H., Alouani, R., Ben Jemia, M.G., Sebeï, K., 2005. Geodynamic reconstruction of the Sahel platform (Tunisia): an integrated approach. *2nd North*

African /Mediterranean Petroleum & Geosciences Conference and Exhibition, Algiers, Algeria, 10-13 April.

Boussiga, H., Sebeï, K., Inoubli, M.H., Alouani, R., 2006. The seismic response of salt induced structures revised a case study from Sahel area Tunisia. *Society of Applied Petrophysics,* Third International Conference of Applied Geophysics, Cairo, Egypt, ESAP, 18-20 March.

Boussiga, H., 2008. Géophysique appliquée aux séries paléogènes du Sahel de Tunisie. Tectonique de socle, halocinèse et implications pétrolières. *Thèse de Doctorat 3ème cycle,* Faculté des Sciences de Tunis, Université de Tunis El Manar II, 159p.

Burollet, P. F., 1951 Etude géologique des basins mio-pliocènes du Nord-est de la Tunisie. *Annales des Mines et de la Géologie, Tunisie,* 1, 91p.

Burollet, P. F., 1956. Signification géologique de l'axe Nord-Sud. *Actes du 1er Congrès Nat. Sci. Terre.* Tunisie, 315-319.

Burollet, P.F., 1973. Importance des facteurs salifères dans la tectonique tunisienne. *Annales des Mines et de la Géologie,* Tunis, 13, 11-30.

Burollet, P.F., Byramjee, R.S., 1974. Réflexion sur la tectonique globale. Exemples síricains et méditerranéens. *Notes et Mémoires de la Compagnie française de Pétrole,* 11, 71-120.

Burollet, P.F., 1975. Géologie et sédimentation de la Tunisie. *Excursion 15.IXème congrès internationale de sédimentologie.* Nice, 112p.

Burollet, P.F., Mugniot, J.M., Sweeney, P., 1978. The geology of Pelagian Block: The margins and basins off southern Tunisia and Tripolitania. In: Nairn, A.E.M., Kanes, W.H. (Eds). *The Ocean Basins and Margins. The Western Mediterranean.* Plenum Press, New York, 4B, 331-359.

Burollet, P.F., 1981. Signification géologique de l'axe nord-sud. *Résumés du 1er Congrès Nat. Sc. Terre,* Tunis, 31p.

Burollet, P.F., Ellouz, N., 1986. L'évolution des bassins sédimentaires de la Tunisie centrale et orientale. *Bull. Centre Rech. Expl.Prod. Elf - Aquitaine,* Pau, 10, 49-68.

Burollet, P.F., 1991. Structures and tectonics of Tunisia. *Tectonophysics,* 195, 359-369.

Burrus, J., 1984. Contribution to a geodynamic synthesis of the Provençal Basin (North-Western Mediterranean), *Marine Geology,* 55(3-4), 247-269.

Caire, A., 1970. Tectonique de la Méditerranée centrale. *Ann. Soc. Géol. du Nord, XC,* 90, 307-346.

Carminati, E., Wortel, M.J.R., Spakman, W., Sabadini, R., 1998. The role of slab detachment processes in the opening of the western-central Mediterranean basins: some geological and geophysical evidence. *Earth and Planetary Science Letters,* 160(3-4), 651-665.

Castany, G., 1947. Le problème des Chotts tunisiens. *C. R. Som. S. G. F.,* 8, 359-369.

Castany, G., 1948. Les fossés d'effondrement de Tunisie. *Annales des Mines et de la Géologie, Tunis,* 3. 124p.

Castany, G., 1949. Sur la présence de plusieurs phases de diastrophisme en Tunisie orientale. *C. R. Acad. Sci.,* 229(II), 1160-1162.

Castany, G., 1951. Étude géologique de l'Atlas Tunisien oriental. *Annales des mines et de la géologie,* Tunis, 1-632.

Castany, G., 1952. Paléogéographie, Tectonique et orogénèse de la Tunisie. *XIXème Congr. Géol. Intern. Alger. Mon. Rég.* Tunisie, 1, 64p.

Castany, G., 1956. Essaie de synthèse géologique du territoire Tunisie-Sicile. *Annales des mines et de la géologie,* Tunis, 102p.

Catalano, R., Di Stefano, P., Sulli, A., Vitale, F.P., 1996. Paleogeography and structure of the central Mediterranean: Sicily its offshore area. *Tectonophysics,* 260, 291-323.

Catalano, R., Franchino, A., Merlini, S., Sulli, A., 2000. Central western Sicily structural setting interpreted from seismic reflection profiles, *Mem. Soc. Geol. It.,* 55, 5-16.

Casula, S., Shmukler, B.E., Wilhelm, S., Stuart-Tilley, A.K.., Su, W.F., Chernova, M.N., Brugnara, C., Alper, S.L., 2001. A dominant negative mutant of the KCC1K-Cl cotransporter: both N-and C-terminal cytoplasmic domains are required for K-Cl cotransport activity. *J. Biol. Chem,* 276, 41870-41878.

Cello, G., 1987. Structure and deformation processes in the Strait of Sicily "rift zone". *Tectonophysics,* 141, 237-247.

Cherchi, A., Montadert, L., 1982. Oligo - Miocene rift of Sardinia and the early history of the Western Mediterranean basin, *Nature, 298,* 736-739.

Chihi, L., 1984. Etude tectonique et microtectonique du graben de Kasserine (Tunisie Centrale) et des structutres voisines J. Selloum et L. Maargba. *Thèse de Doctorat 3ème cycle*, Univ. Paris Sud - Centre d'Orsay, 116p.

Chihi, L., 1995. Les fossés néogènes à quaternaires de la Tunisie et de la mer pélagienne dans le cadre géodynamique de la Méditerranée centrale. *Thèse de Doctorat 3ème cycle*, Faculté des Sciences de Tunis, Université de Tunis El Manar II, 324p.

Chihi, L., Philip, H., 1999. Le bloc atlaso-pélagien: place et évolution géodynamique dans le contexte subduction-collision de la Méditerranée centrale (Afrique du nord-Sicile) du Miocène au Quaternaire. *Notes du Service géologique de Tunisie*, 65, 49-68.

Choukroune, P., Roure, F., Pinet, B., Ecors Pyrenees, T., 1990. Main results of the ECORS Pyrenees profile. *Tectonophysics*, *173*(1-4), 411-423.

Coiffait, P.F., 1973. Etude géologique de l'Atlas Tunisien à l'Ouest du Kairouanais. (Tunisie centrale). *Thèse de Doctorat 3ème cycle*, Université Paris VI, 131p.

Coiffait, P. F., 1974. Etude géologique de l'Atlas Tunisien à l'Ouest du Kairouanais. (Tunisie centrale). *Thèse 3ème cycle*, Paris VI, 131p.

Colleuil, B., 1979. Etude stratigraphique et néotectonique des formations néogènes et quaternaires de la région de Nabeul-Hammamet (Cap bon, Tunisie). *Mém. D. E. S. Fac. Sci. Tech. Univ. Nice*, 93p.

Comte, D., Dufaure, P., 1973. Quelques précisions sur la stratigraphie et la paléogéographie tertiares en Tunisie centrale et centro-orientale, du Cap Bon à Mezzouna. *Annales des Mines et de la Géologie, Tunisie*, 26, 241-256.

Comte, D., Lehmann, P., 1974. Sur les carbonates de l'Yprésien et du Lutétien basal de la Tunisie Centrale. *Compagnie Française des Pétroles, Notes et Mémoires*, 11, 275-292.

Creusot, G., Mercier, E., Ouali, J., Turki, M.M., 1992. Héritage distensif synsédimentaire et structuration chevauchante: apports de la modélisation du chevauchement alpin de Zaghouan (Atlas tunisien). *C. R. Acad. Sci. Paris*, 314, 961-965.

Dali, T., 1979. Etude géologiqu de la région de Gaafour. *Thèse de Doctorat 3ème cycle*, Univ. Paris VI, 104p

D'Agostino, N., Avallone, A., Cheloni, D., D'Anastasio, E., Mantenuto, S., Selvaggi, G., 2008. Active tectonics of the Adriatic region from GPS and earthquake slip vectors. *Journal of Geophysical Research*, 113, 19p.

Delteil, J., Truiellet, R., Zargouni F., 1980. L'axe N-S: un élément structural original et complexe de l'orogenèse alpine en Tunisie centrale. *Cong. Géol. international, section 5*, tectonique, 331.

Delteil, J., 1982. Le cadre néotectonique de la sédimentation plio-quaternaire en Tunisie centrale et aux îles Kerkennah, Bulletin *Société Géologique de France*, XXIV(2), 187-193.

Delteil, J., Zouari, H.M., Chikhaoui, Creuzot, G., Ouali, J., Turki, M.M., Yaïch, C., Zargouni. F., 1991. Relation entre ouvertures téthysienne et mésogéenne en Tunisie. *Bulletin Société Géologique de France,* 162, 1173-1181.

Dercourt, J., Zonenshain, L.P., Ricou, L.E., Kazmin, V.G., Le Pichon, X., Knipper, A.L., Grandjacquet, C., Sborshchikov, I.M., Boulin, J., Sorokhtin, O., Geyssant, J., Biju-Duval, C.B., Sibuet, J.C., Savostin, L., Westphal, A.M., Lauer, J.P., 1985. Présentation de 9 cartes paléogéographiques au 1/20 000 000 s'étend de l'Atlantique au Pamir pour la période du Lias à l'Actuel. *Bulletin Société géologique de France,* 8 (5), 637-652

Dercourt, J., Zonenshain, L.P., Ricou, L.E., Kazmin, V.G., Le Pichon, X., Knipper, A.L., Grandjacquet, C., Sbortshikov, I. M., Geyssant, J., Lepvrier, C., Pechersky, D.H., Boulin, J., Sibuet, J.C., Savostin, L.A., Sorokhtin, O., Westphal, M., Bazhenov, M.L., Lauer, J.P., Biju-Duval, B., 1986. Geological evolution of the Tethys belt from the Atlantic to the Pamirs since the Lias. *Tectonophysics*, *123*(1-4), 241-315.

Devoti, R., Luceri, V., Sciarretta, C., Bianco, G., Donato, G., Vermeersen, L.L.A., Sabadini, R., 2001. The SLR secular gravity variations and their impact on the inference of mantle rheology and lithospheric thickness. *Geophys. Res. Lett.*, 28, 855- 858.

Dewey, J.F., Celîl-engör, A.M., 1979. Aegean and surrounding regions: Complex multiplate and continuum tectonics in a convergent zone, *Geological Society of AmericaBulletin*, *90*(1), 84-92.

Dewey, J.F., Helman, M.L., Turco, E., Hutton, D., Knott, S.D., 1989. Kinematics of the western Mediterranean. In: Coward, M.P., Dietrich, D., Park, R.G. (Eds.), Alpine Tectonics, *Special Publication of the Geological Society of London*, 45, 265-283.

Dlala, M., 1984. Tectonique récente et microtectonique de la region de Kasserine (Tunisie centrale). *Thèse 3ème cycle Univ. Sc. Et Tech. De Languedoc*, Montpelier, 143p.

Dlala, M., Ben Ayed, N., 1988. Les déformations du Quaternaire récent du Graben de Foussana. *Geol. Med.*, 3,.171-176.

Dlala, M., 1992. Sismotectonique study in Northen Tunisia. *Tectonophysics*, 209, 171-174.

Dlala, M., Hfaiedh, M., 1993. Le séisme du 7 novembre 1989 à Metlaoui (Tunisie méridionale): une tectonique active en compression. *C. R. Acad. Sci.*, 317(10), 1297-1302.

Dlala, M, Rebaï, S., 1994. Relation compression-extension Miocène supérieur à Quaternaire en Tunisie: implication sismotectonique. *C. R. Acad. Sci. Paris*, série IIa, 319, 945-950.

Dlala, M., 1995. Evolution géodynamique et tectonique superposées en Tunisie implications sur la tectonique récente et la sismicité. *Thèse de Doctorat Es-Sciences*, Faculté des Sciences de Tunis, Université de Tunis El Manar II, 389p.

Doglioni, C., Erwan, G., Francesc, S., Manuel. F., 1997. The Western Mediterranean extensional basins and the Alpine orogen, *Terra Nova*, 9(3), 109-112.

Domzig, A., Yelles, K., Le Roy, C., Déverchère, J., Bouillin, J. P., Bracène, R., Mercier de Lépinay, B., Le Roy, P., Calais, E., Kherroubi, A., Gaullier, V., Savoye, B., Pauc, H., 2006. Searching for the Africa–Eurasia Miocene boundary offshore western Algeria (MARADJA'03 cruise). *C. R. Acad. Sci.* Paris, 338, 80-91.

Dridi, M., Sejil, A., 1991. Eocene. In: Hmidi and Sadras (Eds.) Tunisian Exploration Review. *Entreprise Tunisienne d'Activités Pétrolières* (*ETAP*), 73-93.

Durand-Delga, M., 1969. Mise au point sur la structure du NE de la Berbérie. *Service géologique Algérie. Bull. 39.*

Ellouz, N., 1984. Etude de la subsidence de Tunisie atlasique, Orientale et de la mer pélagienne. *Thèse de Doctorat 3ème cycle*, Université Paris VI, 139p.

El Ghali, A., Ben Ayed, N., Bobier, C., Zargouni, F., Krima, A., 2003. Les manifestations tectoniques synse´dimentaires associeés à la compression éocène en Tunisie : implications paléogéographiques et structurales sur la marge Nord-Africaine. *C. R. Geoscience*, 335, 763-771.

Erraoui, L., 1994. Environnements sédimentaires et géochimie des séries de l'Eocène du nord-est de la Tunisie. *Thèse de Spécialité*. Faculté des Sciences de Tunis, Université de Tunis El Manar II, 150p.

Faccenna, C., Becker, T.W., Lucente, F.P., Jolivet, L., Rossetti, F., 2001. History of subduction and back-arc extension in the Central Mediterranean, *Geophys. J. Int.*, *145*(3), 809-820.

Finetti, I., 1982. Structure, stratigraphy and evolution of the Mediterranean Sea, *Boll. Geof. Teor. Appl.*, *15*, 263-341.

Fournié, D., 1978. Nomenclature, lithostratigraphique des séries du Crétacé supérieur au Tertiaire de Tunisie. *Bull. Centre Rech. Expl. Prod. Elf- Aquitaine*, 2, 97-148.

Fraissinet, C., 1989. Les étapes de la structuration récente du Haut Atlas calcaire (Maroc): analyse des rapports entre raccourcissement et surrection au sein d'une chaîne intracontinentale. *Thèse de 3ème cycle*, Univ. Paris XI, Orsay, 267p.

Frigui, M., 2003. Le Néogène aux environs de la région de Mahdia: Enregistrements tectono-eustatiques et conséquences paléogéographiques. *D.E.A.*, Faculté des Sciences de Tunis, Université de Tunis El Manar II, 104p.

Frizon de Lamotte, D., Bezar, B.S., Bracène, R., Mercier, E., 2000. The two main steps of the Atlas building and geodynamics of the western Mediterranean. *Tectonics*, 19(4), 740-761.

Gabtni, H., 2005. Apport de la gravimétrie à l'étude des structures profondes du Sahel de Tunisie (cas de la région de Kairouan–Sousse–Monastir). *C. R. Geoscience*, 337, 1409-1414.

Ghanmi, M., 1980. Etude géologique du Djebel Kebbouch (Tunisie septentrionale). *Thèse de Doctorat 3ème cycle*. Univ. Paul Sabatier, Toulouse, 141p.

Giovanni, G.J., Jackson, M.P.A., Vendeville, B.C., 1997. Three dimensional visualization of salt walls and associated fault systems. *American Association of Petroleum Geologists*, 81, 46-61.

Giunta, G., Nigro, F., Renda, P., Giogiani, A., 2000. The Sicilian-Maghrebides Tyrrhenian Margin: a neotectonic evolutionary model. *Società geologica Italiana.* 119, 553-565.

Gràcia, E., Dañobeitia, J., Vergés, J., Bartolomé, R., Córdoba, D., 2003. Crustal architecture and tectonic evolution of the Gulf of Cadiz (SW Iberian margin) at the convergence of the Eurasian and African plates. *Tectonics*, *22*(4), 1033.

Gribi, R., Bouaziz, S., 2010. Neotectonic evolution of the Eastern Tunisian platform from paleostress reconstruction. *J. H. M. R. and Environement research*, 1 (1), 14-25.

Guirand, P., 1968. Etude stratigraphique et tectonique du secondaire dans la bordure orientale des massifs tunisiens. *Thèse Sci. Uni. Bordeaux* 263p.

Guiraud, R., Maurin, J.C., 1992. Early Cretaceous Rifts of Western and Central Africa: an overview. In: Ziegler, P.A. (Ed.), *Geodynamics of Rifting. Tectonophysics*, 213, 227-234.

Guiraud, R., Bosworth, W., 1997. Senonian basin inversion and rejuvenation of rifting in Africa and Arabia: synthesis and implications to plate-scale tectonics. *Tectonophysics*, 282, 39-81.

Hadj Sassi, M., 2002. Etude Tectonique et Gravimétrique du fossé de Grombalia et de ses environs (Tunisie Nord Orientale). *D.E.A. Sci. Géologiques*, Univ. Tunis El Manar, 132p.

Hadj Sassi, M., Zouari, H., Jallouli, C., 2006. Contribution de la gravimétrie et de la sismique réflexion pour une nouvelle interprétation géodynamique des fossés d'effondrement en Tunisie: exemple du fossé de Grombalia. *C.R. Geoscience*, 338, 751-756.

Hadj Sassi, M., Zouari, H., Jallouli, C., 2006. Contribution de la gravimétrie et de la sismique réflexion pour une nouvelle interprétation géodynamique des fossés d'effondrement en Tunisie : exemple du fossé de Grombalia. *C.R. Geoscience*, 338, 751-756.

Haller, P., 1983. Structure profonde du Sahel tunisien. Interprétation géodynamique. *Thèse de Doctorat 3ᵉᵐᵉ cycle*, Université de Franche Comté, Besançon, 163p.

Hlaiem, A., 1998. Etude géophysique et géologique des bassins et des chaînes de Tunisie centrale et méridionale durant le Mésozoïque et le Cénozoïque: Evolution structurale, modélisation géothermique et implications pétrolières. *Uni. Pierre et Marie Curie, Paris* VI, 304p.

Hollenstein, C., Kahle, H.G., Geiger, A., Jenny, S., Goes, S., Giardini, D., 2003. New GPS constraints on the Africa-Eurasia plate boundary zone in southern Italy: *Geophys. Res. Lett.*, 30 (18), 1935, doi, 10.1029/2003GL017554.

Hooyberghs, H.J.F., 1973. Les foraminfères planctoniques de la formation de l'Oued Hammam, une nouvelle unité lithologique en Tunisie d'âge langhien. *Annales des Mines et de la Géologie, Tunisie*, 26, 319-335.

Hooyberghs, H.J.F., 1994. Foraminifères planctoniques d'âge Aquitanien (Miocène inférieur) à la base de la formation El Haouaria à Korbous (Cap Bon, Tunisie). *Notes du Service géologique de Tunisie*, 59, 89-103.

Hooyberghs, H.J.F., 1995. Synthèse sur la stratigraphie de l'Oligocène, Miocène et Pliocène en Tunisie. *Notes du Service géologique de Tunisie*, 61, 63-72.

Jauzein, A., 1967. Contribution à l'étude géologique des confins de la dorsale tunisienne. Tunisie septentrionale. *Annales des Mines et de la Géologie, Tunisie*, 415p.

Johansson, M., Braakenburg, N.E., Stow, D.A.V., Faugeres,.J.C., 1998. Deep-water massive sands: Facies, processes and channel geometry in the Numidian flysch, Sicily, *Sediment. Geol.*, *115*, 233-266.

Kacem, J., 2004. Etude sismotectonique et évaluation de l'aléa sismique régional du Nord-Est da la Tunisie - Apport de la géophysique dans l'identification des sources sismogéniques. *Thèse de Doctorat*, Faculté des Sciences de Tunis, Université de Tunis El Manar II, 168p.

Kamoun, Y., Sorel, D., Viguier, C., Ben Ayed, N., 1980. Un grand accident subméridien d'âge post-Tyrrhénien en Tunisie orientale: le décrochement sénestre de Skanès (Monastir)-Hammamet. *C. R. Acad. Sci.* Série D,T. 220, 647-649.

Kamoun, Y., 1981. Néotectonique dans la région de Monastir-Mahdia (Tunisie orientale). *Thèse de Doctorat 3ème cycle*, Université Paris Sud, 175p.

Kamoun, Y., 2001. Un témoin de l'importante lunette d'El Kelbia : Draa Lakhmès-Ech Chraïf (Tunisie orientale). *Notes du Service Géologique de Tunisie*, 67, 107-119.

Khessibi, M., 1978. Etude géologique du secteur Maknassy - Mezzouna et du J. Kebar. *Thèse de Doctorat 3eme cycle, Lyon,* 175p.

Khomsi, S., Bédir, M., Ben Jemia, G.M., 2004a. Mise en évidence d'un nouveau front de chevauchement dans l'Atlas tunisien oriental de Tunisie par sismique réflexion. Contexte structural régional et rôle du Trias salifère. *C. R. Geoscience,* 336, 1401-1408.

Khomsi, S., Bédir, M., Ben Jemia, G.M., 2004b. Mise en évidence et analyse d'une structure atlasique ennoyée au front de la chaîne alpine tunisienne. *C. R. Geoscience,* 336, 1293-1300.

Khomsi, S., Bédir, M., Ben Jemia, M.G., 2005. Structural style, petroleum habitats and thermal maturation related to Late Cretaceous-Paleogene basins in the North Kairouan Permit. *9th Tunisian Petroleum Exploration and Production conference. Applied Geochemistry and basin modeling,* 43-44.

Khomsi, S., Bédir, M., Soussi, M., Ben Jemia, M.G., Ben Ismail-Lattrache, K., 2006. Mise en évidence en subsurface d'événements compressifs Eocène moyen-supérieur en Tunisie orientale (Sahel): Généralité de la phase atlasique en Afrique du Nord. *C. R. Geoscience,* 338, 41-49.

Khomsi, S., Bédir, M., Soussi, M., Ben Jemia, M.G., Ben Ismail-Lattrache, K., 2007. Reply to Comment on the paper: Mise en évidence en subsurface d'événements compressifs Eocène moyen-supérieur en Tunisie orientale (Sahel): Généralité de la phase atlasique en Afrique du Nord. *C. R. Geoscience,* 338, (2006), n° 1-2, 1-49, *C.R. Geoscience,* 339, 173-177.

Laatar, E., 1980. Gisement de Plomb-Zinc et diapirisme du Trias salifère en Tunisie septentrionale: les concentrations péridiapiriques du district minier de Nefate-Fedj el Adoum (région de Teboursouk). *Thèse de Doctorat 3ème cycle,* Paris, 280p.

Lacombe, O., Jolivet, L., 2005. Structural and Kinematic relationships between Corsica and the Pyrenees-Provence domain at the time of Pyrenean orogeny. *Tectonics,* 24, 1-20.

Laftine, R., Dupont, E., 1948. Plissement Pliocène supérieur et mouvement quaternaire en Tunisie: *C. R. Acad. Sc.* 227, 138-140.

Laridhi Ouazaa, N., 1994. Etude minéralogique et géochimique des épisodes magmatiques mésozoïques et miocènes de la Tunisie. *Thèse de Doctorat Es-sciences géologiques*, Faculté des Sciences de Tunis, Université de Tunis El Manar II, 426p.

Laville, E., 1985. Évolution sédimentaire, tectonique et magmatique du bassin Jurassique du Haut-Atlas (Maroc): modèle en relais multiples de décrochements. *Thèse d'Etat*,.Univ. Montpellier, Montpellier, 186p.

Laville, E., Piqué, A., Amrhar, M., Charroud, M., 2004. A restatement of the Mesozoic Atlasic Rifting (Morocco). *Journal of African Earth Sciences*, 38, 145-153.

Le Pichon, X., Bergerat, F., Roulet, M.J., 1988. Plate kinematics and Tectonics leading to the Alpine belt formation; a new analysis. *Geological Society of America Bulletin*, 218, 111-132.

Letouzey, J., Trémolières, P., 1980. Paleo-stress fields around the Mediterranean since the Mesozoic derived from micro-tectonics: Comparisons with plate tectonic data. *26ème CGI, Mem. BRGM* 15, 261-273.

Lowrie, W., 1986. Paleomagnetism and the Adriatc Promontory: A reappraisal, *Tectonics*, 5(5), 797-807.

Marret, R.A., Allmendinger, R.W., 1990. Kinematic analysis of fault-slip data. *Journal of Structural Geology*, 12, 973-986.

Martinez, C., Paskoff, R., 1984, Indices de distension pendant le Quaternaire récent en Tunisie: leur signification dans un régime de compression généralisée: *Cagiers Orstom, Ser. Geol.*, 14, 153-161.

Martinod, J., Funiciello, F., Faccenna, C., Labanieh, S., Regard, V., 2005. Dynamical effects of subducting ridges: insights from 3-D laboratory models. *Geophys. J. Int.*, *163*, 1137-1150.

Mascle, G., Tricart, P., 2001. Les escarpements sous-marins du canal de Sardaigne: réamincissement crustal et extension tardi-orogénique, premier stade d'une ouverture arrièrearc. Résultats des campagnes de plongées Cyana: SARCYA et SARTUCYA. *Mém. Géol. Alpine*, 32, 202p.

Mascle, G., Tricart, P., Torelli, L., Bouillin, J.P., Rolfo, F., Lapierre, H., Monié, P., Depardon, S., Mascle, J., Peis, D., 2001. Evolution of the Sardinia Channel (Western Mediterranean): new constraints from a diving survey on Cornacya seamount off SE Sardinia. *Marine Geology*, *179*(3-4), 179-201.

Mattoussi Kort, H., Gasquet, D., Ikenne, M., Laridhi Ouazaa, N., 2009. Cretaceous crustal thinning in North Africa: Implications for magmatic and thermal events in the Eastern Tunisian margin and the Pelagic Sea. *J. Afr. Earth Sci.*, 55(5), 257-264.

Mattauer, M., Tapponnier, P., Proust, F., 1977. Sur les mécanismes de formation des chaînes intracontinentales. L'exemple des chaînes atlasiques du Maroc. *Bulletin Société Géologique de France, 7*(19), 521-526.

Mauffret, A., Frizon de Lamotte, D., Lallemant, S., Gorini, C., Maillard, A., 2004. EW opening of the Algerian Basin (Western Mediterranean). *Terra Nova*, 16, 257-264.

Maury, R.C., Fourcade, S., Coulon, C., Azzouzi, M.H., Bellon, H., Coutelle, A., Ouabadi, A., Semroud, B., Megartsi, M., Cotten, J., Belanteur, O., Louni-Hacini, A., Piqué, A., Capdevila, R.,Hernandez, J., Réhault, J. P., 2000. Post-collisional Neogene magmatism of the Mediterranean Maghreb margin; a consequence of slab breakoff. *C. R. Acad. Sci.*, *331*(3), 159-173.

Meddeb, S., 1986. Sédimentation et tectonique polyphasée dans les dômes d'Enfidha (Sahel tunisien). *Thèse de Doctorat 3ème cycle*, Univ. Paris-Sud, Osay, 160p.

Merle, O., Abidi, N., 1995. Approche expérimentale du fonctionnement des rampes émergentes. *Société Géologique de France*, 166, 439-450.

Meghraoui, M., Cisternas, A., Philip, H., 1986. Seismotectonics of the Lower Cheliff Basin- Structural background of the El-Asnam (Algeria) earthquake. *Tectonics*, 5(6), 809-836.

Meghraoui, M., Doumaz, F., 1996. Earthquake-induced flooding and paleoseismicity of the El Asnam, Algeria, fault-related fold. *J. Geophys. Res.*, *101*(B8), 17617-17644.

Meigs, A.J., Vergés, J., Burbank, D.W., 1996. Ten-million-year history of a thrust sheet. *Geological Society of America Bulletin*, 108, 1608-1625.

Mejri, L., 2012. Tectonique quaternaire, paleosismicité et sources sismogénique en Tunisie Nord-orientale: étude de la faille d'Utique. *Thèse de Doctorat*, Univ. Toulouse III, Paul Sabatier/Univ. Tunis El Manar, 185p.

Messaoudi, F., Hamouda, F., 1994. Evénements structuraux et types de pièges dans l'offshore Nord-Est de la Tunisie. *Rapport interne, Entreprise Tunisienne d'Activité Pétrolière (ETAP)*, 65p.

Meulenkamp, J.E., Sissingh, W., 2003. Tertiary palaeogeography and tectonostratigraphic evolution of the Northern and Southern Peri-Tethys platforms and the intermediate domains of the African-Eurasian convergent plate boundary zone. *Palaeogeography, Palaeoclimatology, Palaeoecology, 196*(1-2), 209-228.

Morelli, C., 1976. Modern standards for gravity surveys. *Geophysics*, 41, 10-51.

Morelli, C., 1984. Promontorio africano microplacca adriatica (African Promontory or Adriatic microplate). *Boll. Ocean. Teor. Appl., 2*, 151-168.

Morgan, M.A., Grocott, J., Moody, R.T.J., 1998. The structural evolution of the Zaghouan-Ressas Structural Belt, Northern Tunisia. In: Macgregor, D.S., Moody, R.T.J., Clark- Lowes, D.D. (Eds.), Petroleum Geology of North Africa. *Spec. Publ. Geological Society, London*, 132, 405-422.

M'Rabet, A., 1981. Stratigraphie, sédimentation et diagenèse des séries du Crétacé inférieur de Tunisie centrale. *Thèse Doctorat Es-Sciences*, Université de Paris Sud, Orsay, France, 540p.

Mzali, H., Zouari, H., 2006. Caractérisation géométrique et cinématique des structures liées aux phases compressives de l'Eocène au Quaternaire inférieur en Tunisie : exemple de la Tunisie nord orientale. *C. R. Geoscience*, 338, 742-749.

Mzali, H., Gabtni, H., Zouari, H., Hadj Sassi, M., Gharsalli, J., 2007. Evidence of N120 shear corridors and associated tectonic structures in northeastern Tunisia after geological and geophysical data. *C.R. Geoscience*, 339, 358-365.

Nicolas, A., Hirn, A., Nicolich, R., Polino, R., 1990. Lithospheric wedging in the western Alps inferred from the ECORS-CROP traverse. *Geology, 18*(7), 587-590.

Nocquet, J.M., 2002. Mesure de la deformation crustale en europe occidentale par geodesie spatiale. *Thèse de Doctorat*, Université de Nice Sophia-Antipolis, 312p.

Nocquet, J.M., Calais, E., 2003. Crustal velocity field of western Europe from permanent GPS array solutions. *Geophys. J. Int.*, 154, 72-88.

Nocquet, J.M., Calais, E., 2004. Geodetic measurements of crustal deformation in the western Mediterranean and Europe. *Pure Appl. Geophys.*, 161, 661-681.

Olivet, J.L., 1996. La cinématique de la plaque ibérique. *Bull. Centres Rech. Explor. Prod. Elf Aquitaine, 20*, 131-195.

Ouali, J., 1984. Structure et évolution géodynamique du chaînon Nara-Sidi Khalif (Tunisie centrale). *Thèse de Doctorat 3eme cycle*. Université Rennes1, 119p.

Ouali, J., 1985. Structure et évolution géodynamique du chaînon Nara-Sidi Khalif (Tunisie centrale). *Bull. Cent. Rech. Expl. Elf Aquitaine*, 9, 155-182.

Patriat, P., Segoufin, J., Schlich, R., Goslin, J., Auzende, J.-M., Beuzart, P., Bonnin, J., Olivet, J.-L., 1982. Les mouvements relatifs de l'Inde, de l'Afrique et de l'Eurasie. *Bulletin Société Géologique de France*, 24, 363-373.

Pepe, F., Cloetingh, S., Bertotti, G., 2004. Tectono-stratigraphic modelling of the North Sicily continental margin (SouthernTyrrhenianSea). *Tectonophysics*, 384, 257-273.

Pepe, F., Suli, A., Berotti, G., Catalano, R., 2005. Structural highs formation and their relationship to sedimentary basins in the north Sicily continental margin (Southern Tyrrhenian Sea): Implication for the Drepano Thrust Front. *Tectonophysics,* 409, 1-18.

Perthuisot, V., 1978. Dynamique te pétrogenèse en Tunisie septentrionale. Paris: *Presse de l'Ecole normale supérieur* (travaux du Laboratoire du Géologie), 12, 312p.

Philip, H., Andrieux, J., Dlala, M., Chihi, L., Ben Ayed, N., 1986. Evolution tectonique mio -plioquaternaire du fossé de Kasserine (Tunisie centrale): implications sur l'évolution géodynamique récente de la Tunisie. *Bull. Scoc. géol. France*,4, 559-568.

Philip, H., 1987. Plio-Quaternary evolution of stress field in Mediterranean, zones of subduction and collision. *Annals Geophysics*, 5b, 301-320.

Philip, H., Babinot, J. F., Tronchetti, G., Fourcade, E., Ricou, L. E., Guiraud, R., et al., 1993. Late Cenomanian (94 to 92 Ma), in: J. Dercourt, L.E. Ricou, B. Vrielynck (Eds.), Atlas Tethys Palaeoenvironmental Maps. *Explanatory Notes*, Gauthier-Villars, Paris, 113-134.

Piqué, A., Brahim, L.A., Ouali, R.A., Amrhar, M., Charroud, M., Gourmelen, C., Laville, E., Rekhiss, F., Tricart, P., 1998. Evolution structurale des domaines atlasiques du Maghreb au Méso-Cénozoïque; le rôle des structures héritées dans la déformation du domaine atlasique de l'Afrique du Nord. *Bulletin Société Géologique de France*, 6, 797-810.

Piqué, A., Tricart, P., Guiraud, R., Laville, E., Bouaziz, S., Amrhar, M., Ait Ouali, R., 2002. The Mesozoic-Cenozoic Atlas belt (North Africa): an overview. *Geodinamica Acta*, 15(3), 185-208.

Pondrelli, S., Morelli, A., Boschi, E., 1995. Seismic deformation in the Mediterranean area estimated by moment tensor summation, *Geophys. J. Int.*, 122(3), 938-952.

Rabhi, M., 1999. Contribution à l'étude stratigraphique et analyse de l'évolution géodynamique de l'Axe N-S et des structures avoisinantes (Tunisie centrale). *Thèse de Doctorat 3ème cycle*, Faculté des Sciences de Tunis, Université de Tunis El Manar II, 206p.

Rebaï, S., Philip, H., Taboada, A., 1992. Modern tectonic stress field in the Mediterranean region: evidence for variation in stress directions at different scales. *Geophys. J. Int.*, 110(1), 106-140.

Recq, M., Rehault, J.P., Steinmetz, L., Fabbri, A., 1984. Amincissement de la croute et accrétion au centre du bassin tyrrhénien d'après la sismique réfraction. *Marine Geology*, 55(3-4), 411-428.

Richert, J.P., 1971. Mise en évidence de quatre phases tectoniques successives en Tunisie. *Notes du Service géologique de Tunisie, 34:* Travaux de géologie tunisienne, 4, 114-121.

Rigane, A., 1991. Les calcaires de l'Yprésien en Tunisie Centro-Septentrionale: Cartographie, Cinématique et Dynamique des structures. *Thèse de Doctorat d'Université*, Université de Franche-Comté, 214p.

Roest, W.R., Srivastava, S.P., 1991. Kinematics of the plate boundaries between Eurasia, Iberia and Africa in the North Atlantic from the late Cretaceous to present. *Geology*, 19, 613-616.

Roure, F., Choukroune, P., Berastegui, X., Munoz, J.A., Villien, A., Matheron, P., Bareyt, M., Seguret, M., Camara, P., Deramond, J., 1989. ECORS Deep seismic data and balanced cross sections: geometric constraints on the evolution of the Pyrenees. *Tectonics*, 8(1), 41-50.

Roure, F., Casero, P., Addoum, B., 2012. Alpine inversion of the North African margin and delamination of its continental lithosphere. *Tectonics*, 31(3), TC3006.

Rouvier, H., 1977. Géologie de l'extrême Nord Tunisien : tectonique et paléogéographie superposées à l'extrémité orientale de la chaîne nord-maghrébine. *Annales des Mines et de la Géologie, Tunisie*, 29, 427p.

Saadi, J., 1990. Exemple de sédimentation syntectonique au Crétacé inférieurle long d'une zone de décrochement NS. Les structures d'Enfidha (Tunisie nord-orientale). *Géodynamique*, 5(1), 17-33.

Saadi, J., 1997. Géodynamique des bassins sur relais des décrochements au Crétacé-Cénozoïque et géométrie des séquences génétiques du bassin Oligo-Aquitanien de

Souaf (Tunisie centro-orientale). *Thèse de Doctorat 3ème cycle*, Faculté des Sciences de Tunis, Université de Tunis El Manar II, 348p.

Said, A., 2011. Tectonique active de l'Atlas Sud tunisien: approche structurale et morphotectonique. *Thèse de Doctorat*, Univ. Toulouse III - Paul Sabatier, 223p.

Salaj, J., 1980. Microbiostratigraphie du Crétacé et du Paléogène de la Tunisie septentrionale et orientale (Hypostratotypes tunisiens). *State Geological Institute of Dionýz Štúr*, Bratislava, 1-238.

Schamel, S., 1982. Geologic setting of the Tunisian Atlas. *Work shop notes and guide book* "The structural style of Tunisian Atlas". Tunis, 29 Sept.- 20 Oct. 2-12.

Sebeï, K., Inoubli, H., Boussiga, H., Alouni, R., Boujamoui, M., 2007. Seismic stratigraphy, tectonics and depositional history in the Halk el Menzel region, NE Tunisia. *Journal of African Earth Sciences*, 47,9-29.

Sebeï, K., 2008. Etude Sismostratigraphique de la Plateforme de (Halk el Menzel-Akouda) : Rampe Carbonatée sous Contrôle de l'Eustatisme et de la Tectonique. *Thèse de Doctorat d'Université*, Faculté des Sciences de Tunis, Université de Tunis El Manar II, 139p.

Skobelev, S.F., Trifonov, V.G., Vostrikov, G.A., 1988. The Pamirs-Himalayan region of disharmonic clustering of the continental lithospheren, in Kropotkin, P.N., eds., Neotectonics and the Recent Geodynamics of Mobile Belts. *Moscow, Nauka Press, Moscow*, 188-234.

Shell Tunirex, 1981. Rapport géologique final et log lithostratigraphique du forage Xx. Inédit.

Smaoui, A., Delteil, J., Dupeuble, P.A., 1981. La structure du J. Haouareb (Axe Nord-Sud). *Ier Cong. Nat. SC. Terre*, Tunisie, Résumé, 48p.

Skuce, A.G., 1994. A structural model of a graben boundary fault system, sirte basin, Libya: compaction structures and transfer zones: *Canadian Journal of Exploration Geophysiscs*, 3012, 84-92.

Soussi, M., 2000. Le Jurassique de la Tunisie atlasique: Stratigraphie, dynamique sédimentaire, Paléogéographie et intérêt pétrolier. *Thèse de Doctorat d'Université*, Faculté des Sciences de Tunis, Université de Tunis El Manar II, 661p.

Soyer, C., Tricart, P., 1987. La crise aptienne en Tunisie centrale : approche paléostructurale aux confins de l'Atlas et de «l'axe Nord-Sud». *C. R. Acad. Sc.*, Paris, 305,301-305.

Stampfli, G., Marcoux, J., Baud, A., 1991. Tethyan margins in space and time. In Paleogeography and paleoceanography of Tethys. Channel, J.E.T., Winterer, E.L., Jansa, L.F. (Eds.). *Palaeogeography, Palaeoclimatology, Palaeoecology*, 87, 373-410.

Stromberg, S.G., Bluck, B., 1998. Turbidite facies, fluid-escape structures and mechanisms of emplacement of the Oligo-Miocene Aljibe Flysch, Gibraltar Arc, Betics, southern Spain. *Sedimentary Geology*, *115*(1-4), 267-288.

Tavarnelli, E., Butler R.W.H., Decandia, F.A., Calamita, F., Grasso M., Alvarez W., Renda, P., 2004. Implications of fault reactivation and structural inheritance in the Cenozoic tectonic evolution of Italy. *The Geology of Italy. In: Crescenti, U., D'Offizi, S., Merlini, S., Sacchi, R. (Eds.), Societa Geologica Italiana*, sp. Vol., 201-214.

Thomas, P.H., 1985. Sur la découverte de phosphates et de chaux dans le Sud de la Tunisie. *C. R. Acd. Sc.*, 101, 1184-1187.

Tlig, S., Er-Raioui, L., Ben Aïssa, L., Alouani, R., Tgorti, M.A., 1991. Tectonogenèse alpine et atlasique : deux événements distincts dans l'histoire géologique de la Tunisie. Corrélation avec les événements clés en méditerranée. *C. R. Acad. Sci. Paris*, *312*, série II, 295-301.

Todd A., 2001-2004. Software Product: Rose and accompanying documentation ("Freeware"). Licensor: Todd Thompson Software.

Torelli, L., Grasso, M., Mazzoldi, G., Peis, D., Gori, D., 1995. Cretaceous to Neogene structural evolution of the Lampedusa shelf (Pelagean sea, central Mediterranean). *Terra Nova*, 7, 200-212.

Touati, M.A., 1985. Etude géologique et géophysique de la concession de Sidi El Itayem en Tunisie orientale et Sahel de Sfax. Histoire géologique du bassin et évolution de la fracturation des structures du Crétacé au Plio- Quaternaire, *Thèse de Doctorat 3ème cycle, Univ. P. et M. Curie, Paris VI.*

Tricart, P., Torelli, L., Argnani, A., Rekhiss, F., Zitellini, N., 1994. Extensional collapse related to compressional uplift in the Alpine Chain off northern Tunisia (Central Mediterranean). *Tectonophysics*, 238, 317-329.

Trifonov, V.G., 2004. Active faults in Eurasia: general remarks. *Tectonophysics,* 380, 123-130.

Turki, M.M., 1985. Polycinématique et contrôle sédimentaire associé sur la cicatrice Zaghouan–Nebhana. *Thèse de Doctorat d'Etat*, Faculté des sciences de Tunis, Université de Tunis El Manar II, Tunis et *Rev. Sc. Terre de l'UST (INRST)*, 7, 262p.

Turki, M.M., Delteil, J., Truillet, R., Yaich, C., 1988. Les inversions tectoniques de la Tunisie centro-septentrionale. *Bulletin Société Géologique de France*, 8, 399-406.

Truillet, R., 1981. La substitution tectonique de couverture de Hammam Zriba (Tunisie orientale). *C. R. Acad. Sci.*, Paris, 19, 1319-1322.

Truillet, R., Zargouni, F., Delteil, J., 1981. La tectonique tangentielle dans l'axe Nord-Sud (Tunisie centrale). *C. R. Acad. Sci.,* Paris, 23, 50-54.

Vila, J.M., 1980. La chaîne alpine d'Algérie orientale et des confins algéro-tunisiens. *Thèse de 3ème cycle*. Univ. Paris VI, Orsay. 663p.

Vaufrey,.R., 1932. Le plissement Acheulo-Moustérien des environs de Gafsa: Revue, *Géogr. Phys. Dyn.* 1, 209-325.

Vergés, J., Millán, H., Roca, E., Muñoz, J.A., Marzo, M., Cirés, J., Bezemer, T., Zoetemeijer, R., Cloethingh, S., 1995. Eastern Pyrenees and related foreland basins: Pre-, syn- and post-collisional crustal-scale cross-sections. *Marine & Petroleum Geology*, 12, 903-915.

Vernet, J.P., 1981. Esquisses paléogéographiques de la Tunisie durant l'Oligocène-Miocène. *Actes du 1er congrès national des sciences de la terre*, Tunis, 231-244.

Wildi, W., 1983. La chaîne tello-rifaine (Algérie-Maroc-Tunisie): Structure, stratigraphie et évolution du Trias au Miocène. *Revue de Géologie Dynamique et Géographie Physique*, 24, 201-298.

Yaïch, C., 1984. Étude géologique des chaînons du Chérahil et du Krechem El Artsouma (Tunisie centrale). Liaison avec les structures profondes des plaines adjacentes. *Thèse de Doctorat de 3ème cycle*, Besançon, 265p.

Yaïch, C., Ben Ismail-Lattrache, K., Turki-Zaghbib, D., Turki. M.M., 1994. Interprétation séquentielle de l'Oligo-Miocène (Tunisie centrale et nord orientale). *Bull. Soc géol. du Nord*, 47, 27-49.

Yaïch, C., 1997. Dynamique sédimentaire, eustatisme et tectonique durant l'Oligo-Miocène en Tunisie. Formation Fortuna, Messiouta et Grijima ; Numidien et Gréso-Micacé. *Thèse de Doctorat Es-Sciences*, Faculté des Sciences de Tunis, Université de Tunis El Manar II, 479p.

Yukler, M.A., Meskini, A., Mouemen, A., Daddouch, I., Bouhlel, H., Jerraya, H., 1994. Quantitative evolution of the geologic evolution and hydrocarbon potential of the gulf of Gabes. *Actes des 4èmes journées de l'exploration pétrolière en Tunisie*, 327-361.

Zargouni, F., Deltei, J., truillet, R., 1979. Interprétation des éléments structuraux alpines de l'axe N-S dans le cadre d'une genèse polyphasée (Tunisie centrale). *7ème Réunion, ann. Sc. Terre*. Lyon, 468p.

Zargouni, F., Ruhland, M., 1981. Style de déformation du Quaternaire récent lié au coulissement de la faille de Gafsa, et chronologie des phases tectoniques de l'Atlas méridional tunisien. *C. R. Acad. Sci., Paris*,.292, 912-915.

Zargouni, F., 1984. Style et chronologie des déformations de l'Atlas tunisien méridional. Evolution récente de l'accident Sud atlasique. *C. R. Acad. Sc., Paris*, 299 (2), 71-76.

Zargouni, F., 1985. Tectonique de l'Atlas méridional de Tunisie, évolution géométrique et cinématique des structures en zone de cisaillement. *Thèse de Doctorat Es-Sciences*, Université Louis Pasteur, Strasbourg, 304p.

Zouari, H., 1984. Etude structurale du Jebel Chaambi (Tunisie centrale), relation entre la minéralisation et la structure. *Thèse de Doctorat 3ème cycle*. Univ. Besonçon, 93p.

Zouari, H., 1995. Evolution géodynamique de l'Atlas centro-méridionale de la Tunisie : stratigraphie, analyses géométrique, cinématique et tectono-sédimentaire. *Thèse de Doctorat Es-Sciences*, Univ. Tunis El Manar II, 240p.

Zouari, H., Turki, M.M., Delteil, J., Stephan, J.F., 1999. Tectonique transtensive de la paléomarge tunisienne au cours de l'Aptien-Campanien. *Bulletin Société Géologique de France*, 170, 295-301.

Zitouni, L., 1992. Géodunamique des bassins jurassiques et crétacés inférieurs de l'Atlas tunisien de sidi Aïch-Majoura et implications pétrolières. *D. E. A.*, Faculté des Sciences de Tunis, Université de Tunis El Manar II, 145p.

Zitouni, L., Bédir, M., Tlig. S., 1993. Scellement et migration des basins au Crétacé inférieur le long des couloirs NS en rameaux de l'Atlas central de Tunisie. *14ème Meet. Reg. Sedim. Marrakech. Maroc*, 27-29 Avril, 346p.

Liste des figures

Blocage de subduction, 5: Subduction, 6: Grabens, 7: Axe de plis, 8: Décrochement.

Fig.3.3. Zonation tectonique au Pliocène supérieur (Ben Ayed, 1986). 1: Zone de déformation décrochante distensive, 2: Zone de subsidence, 3:Graben, 4: Décrochement.

Fig.3.4. Collision continentale au nord de la Tunisie et en Sicile et subduction continentale au niveau de la Calabre au Quaternaire (Chihi, 1995). 1: Croûte océanique ou intermédiaire d'âge cénozoïque, 2: Croûte océanique ou continentale amincie d'âge mésozoïque, 3: Craton africain.4: Blocage de subduction, 5: Subduction active, 6: Graben, 7: Décrochement, 8: Graben faiblement actif.

Fig.4.1. Séries jurassiques du Djebel Mdeker.

Fig.4.2. Séries du Crétacé inférieur de la région d'Enfidha.

Fig.4.3. Corrélation dans l'Aptien du Djebel Fadhloun entre les deux flancs de la structure (Saadi, 1990).

Fig.4.4. Séries du Crétacé supérieur de la région d'Enfidha.

Fig.4.5. Coupe dans le Djebel Garci (Bajnik, 1978).

Fig.4.6. Coupe dans le Djebel Hallouf (Castany, 1951).

Fig.4.7. Coupe dans le synclinal Kebir (Castany, 1951).

Fig.4.8. Coupe dans le Djebel Chréchira (Castany, 1951).

Fig.4.9. Coupe lithostratigraphique à Kef El Hadj.

Fig.4.10. Coupe lithostratigraphique de Djebel Souatir (Bussiga, 2008).

Fig.4.11. Coupe dans les séries oligo-miocènes inférieures de Draa Souatir (Castany, 1951).

Fig.4.12. Corrélation lithostratigraphiques du groupe Oum Dhouil (Langhien-Tortonien).

Fig.4.13. Colonne stratigraphique simplifiée des dépôts du Miocène de la Tunisie nord-orientale.

Fig.4.14. Coupe lithologique de la formation Saouaf.

Fig.4.15. Séries miocènes dans la région d'Enfidha.

Fig.4.16. Log lithostratigraphique de la formation Ségui de Henchir Nehal.

Fig.4.17. Charte lithostratigraphique du golfe de Hammamet et la région de Sahel.

Fig.4.18. Corrélation lithostratigraphique des puits dans le golfe de Hammamet.

Fig.5.1: Carte de localisation de la zone d'étude. De 1-28: localisation des sites microtectoniques sites, C1-C3:coupes structurales, légende: 1: Jurassique, 2: Crétacé inférieur, 3: Crétacé supérieur, 4: Eocène inférieur, 5: Eocène supérieur, 6: Oligocène inférieur, 7: Oligocène supérieur, 8: Miocène moyen, 9: Plio-Quaternaire, 10: synclinal Souaf, 11: Anticlinal du Djebel Mdeker.

Fig.5.2: Carte géologique détaillée du Djebel Mdeker et le flanc ouest du Saouaf., C4-C6: coupes géologique, légendes: 1: Jurassique, 2: Crétacé inférieur, 3: Crétacé supérieur, 4: Eocène inférieur, 5: Eocène supérieur, 6: Oligocène inférieur, 7: Oligocène supérieur, 8: Miocène moyen, 9: Plio-Quaternaire, 10: synclinal Souaf-Ermila, 11: Anticlinal de Mdeker, A: Djebel Ataris, AEB: Aïn El Bégar, AEK: Aïn El Ketiti, K: Djebel Khiala, HA: Henchir Abid, M: Djebel Mehjoul, O: Djebel El Oueker.

Fig.5.3. Coupes géologiques (C1-C3) dans la région d'Enfidha. Cv: Valenginien, Ch-ba1: Hauterivien- Barrémien supérieur, Cba2-ap: Barrémien supérieur-Aptien, Cal-ce: Albien-Cénomanien, Cce2-co: Cénomanien supérieur- Coniacien, Cs-ca1: Santonien-Campanien inférieur, Cco: Coniacien, Ct-m: Turonien- Maastrichtien, Cca2-m1: Campanien supérieur- Maastrichtien inférieur, Cm2-P: Maastrichtien supérieur-Paléocène, Ey: Yprésien, El-p: Lutétien-Priabonien, O1: Oligocène inférieur, O2: Oligocène supérieur, Mb: Burdigalien, Ml-t: Langhien-Tortonien, M-Pl: Mio-pliocène, Q: Quaternaire.

Fig.5.4. Coupes géologiques (C4-C6) de Djebel Mdeker (d-f) et ses voisinages.

Fig.5.5. Fentes de tension et tectoglyphes montre le jeu des failles décrochantes dans les calcaires crétacés du Djebel Kef Ensoura.

Fig.5.6. Mesure microtectonique dans les séries Valanginiennes à Ghar Edhbâa (site1).

Fig.5.7. Site microtectonique dans les séries valenginiennes à Ghar Edhbâa (site22, 27).

Fig.5.8. Mesure microtectonique dans les séries de l'Hauterivien-Barrémien à Kef Ensoura (site2).

Fig.5.9. Aptien condensé riches en faunes.

Fig.5.10. Mesure microtectonique dans les séries aptiennes à Djebel Garci (site21).

Fig.5.11. Failles normales qui affectent les séries Crétacé inférieur et l'Aptien condensé dans la Côte 323

Fig.5.12. Aptien condensé dans la Côte323 (1.Albien-Cénomanien, 2. Aptien supérieur, 3. Aptien Condensé, 4. Barrémien sommital, 5. Barrémien supérieur).

Fig.5.13. Failles normales qui affectent les séries du Crétacé inférieur scellées par l'Albien et Aptien condensé à Kef Ensoura.

Fig.5.14. Aptien condensé à Kef Ensoura (1. Albien-Cénomanien, 3. Aptien Condensé, 4. Barrémien sommital, 5. Barrémien supérieur).

Fig.5.15. Microfailles inverses affectant la formation Bahloul à Kef Mehjoul.

Fig.5.16. Fentes de tensions prise en compression.

Fig.5.17. Mesure microtectonique dans les séries du Cénomanien à Ghar Edhbâa (site20).

Fig.5.18. Mesure microtectonique dans les séries abiodes à Djebel Kalb (site17).

Fig.5.19. Mesure microtectonique dans les séries abiodes de Djebel Ouker (site18).

Fig.5.20: Mesure microtectonique dans les calcaires abiodes à Djebel Kef Ensoura (site19, 24).

Fig.5.21. Failles décrochantes inverses dans les calcaires éocènes de Kef Ensoura.

Fig.5.22. Pic stylolitiques à Djebel Mdeker.

Fig.5.23. Fente de tension orientée WE se recoupe avec un microstylolite orienté N140° remplie de calcite dans Djebel Garci.

Fig.5.24. Mesure microtectonique dans la formation Métlaoui à Kef Ensoura (site23).

Fig.5.25. Faille inverse de direction subméridien dans la formation El Haria à DJEBEL Kef Enhal.

Fig.5.26. Grès de l'Oligocène (Fortuna) affectés par des failles de direction moyennes NE-SW

Fig.5.27. Mesure microtectonique dans les séries de l'Oligocène (site16, 25).

Fig.5.28. Mesure microtectonique dans les séries de l'Oligocène (site26).

Fig.5.29. Formation Aïn Grab affectée par des failles décrochantes de Djebel Chérachir

Fig.5.30. Mesure microtectonique dans les calcaires de la formation Aïn Grab dans les Djebel Chérachir et Tire (sites 14,15).

Fig.5.31. Mesure microtectonique effectuée sur les séries de la formation Aïn Grab à Saouaf et Djebel Ktatis (sites 10, 11).

Fig.5.32. Mesure microtectonique effectuée sur les séries de la formation Aïn Grab Djebel Bir (sites 12,13).

Fig.5.33. Mesure microtectonique effectuée sur les séries de la formation Aïn Grab Djebel Kef El Hadj (site 28).

Fig.5.34. Mesure microtectonique effectuée sur les séries de la formation Béglia à Ermila (sites **8, 9**).

Fig.5.35. Mesure microtectonique effectuée sur les séries mio-pliocènes de Djebel Khéra (site3).

Fig.5.36. Mesure microtectonique effectuée sur les séries la formation Ségui à Hméra (site 4).

Fig.5.37. Failles décrochantes la formation Ségui dans le synclinal d'Abicha (site 5).

Fig.5.38. Mesure microtectonique effectuée sur les séries de la formation Ségui (sites 6, 7).

Fig.5.39: Rose diagramme montrant la direction des fractures mesurées sur des surfaces des formations: (a) M'Cherga (Valenginien), (b) Serdj (Aptien), (c) Abiod (Campanien-Maastrichtien), (d) Bou Dabbous (Ypresien), (e) Fortuna (Chatien-Aquitanien), (f) Aïn Grab (Langhien), (g) Mahmoud (Serravelien) and (h) Beglia (Tortonien).

Fig.5.40. Abiod fracturé de Kef Enhal montrant un jeu tectonique polyphasée (a) et (b) surfaces montrant les divers directions de fracture (c) système montrant la compression du Miocène supérieur selon le système de Riedel avec R' de direction N100-120°dextre et R et P de direction N170-0° sénestre et Y le couloir de décrochement sénestre de direction NS et $\sigma 1$ orienté NW-SE (d) montrant la deuxième phase compressive orientée NNW-SSE du Pliocène avec R' de direction N00° à jeu sénestre, R et P de direction relative N100-120° dextre et Y l'axe de couloir de décrochement dextre de direction N110° et $\sigma 1$ NNW-SSE (e) représente les plans des failles sur le canevas de Schmidt (f) rose diagramme qui montre la direction moyenne des fractures et de la contrainte.

Fig. 6.1. Loi de conversion Temps-profondeur

Fig.7.1. Carte de localisation des profils sismiques onshore. L1-L4: Lignes sismiques, P: Puits pétroliers.

Fig.7.2. Profil sismique L1 de direction NW-SE

Fig.7.3. Profil sismique L2 de direction SSW-NNE

Fig.7.4. Profil sismique L3 de direction SSW- NNE

Fig.7.5. Profil sismique L4 de direction SSW-NNE

Fig.7.6. Carte isochrone au toit du Campanien Maastrichtien

Fig.7.7. Carte isochrone au toit du de l'Yprésien

Fig.7.8. Carte isochrone au toit de l'Oligocène

Fig.7.9. Carte isochrone au toit du Langhien

Fig.7.10. Modèle géodynamique de l'évolution du bassin de Sahel Campanien-Maastrichtien-Langhien.

Fig.7.11. Carte de localisation des puits pétroliers et des corrélations lithostratigraphiques

Fig.7.12. Corrélations lithostratigraphiques WE des puits pétrolier dans la plate-forme de Sahel et le golfe de Hammamet. P1-P6: Puits pétrolier, R1-R4: Réservoirs

Fig.7.13. Corrélations lithostratigraphiques NS des puits pétrolier dans la plate-forme de Sahel. Même notation que Fig. 7.10.

Fig.7.14. Corrélations lithostratigraphiques WE des puits pétrolier dans la plate-forme de Sahel. Même notation que Fig. 7.10.

Fig. 7.15. Carte de localisation des profils sismiques dans le golf de Hammamet. P: Puits pétroliers, L7-L11: Lignes sismiques.

Fig.7.16. Profil sismique L5 de direction NW-SE dans le golfe de Hammamet. P3: Puits de calage, 1-8: horizons sismiques relatifs à, (1) Oued Belkhédim (Messinien), (2) Somâa (Tortonien), (3) Souaf (Serravalien), (4) Aïn Grab (Langhien inférieur), (5) Fortuna (Oligocène), (6) Bou Dabbous (Eocène), (7) El Haria (Paléocène), (8) Abiod (Crétacé).

Fig.7.17. Coupe géosismique du profil L5 de direction NW-SE dans le golfe de Hammamet.

Fig.7.18. Profil sismique L6 de direction NNE-SSW dans le golfe de Hammamet.

Fig.7.19. Profil sismique L7 de direction NNW-SSE dans le golfe de Hammamet.

Fig.7.20. Profil sismique L8 de direction NW-SE dans le golfe de Hammamet.

Fig.7.21. Ligne sismique L9 de direction NW-SE. (a) Profil sismique montrant les différents horizons: (1) Oued Belkhédim (Messinien), (2) Somâa (Tortonien), (3) Saouaf (Serravalien), (4) Aïn Grab (Langhien inférieur), (5) Fortuna (Oligocène), (6) Bou Dabbous (Eocène), (7) El Haria (Paléocène), (8) Abiod (Crétacé), P9: Puits de calage, TWT(s): Temps double en seconde. (b) Coupe géosismique interprétative.

Fig.7.22. Ligne sismique L10 de direction NW-SE. (a) Profil sismique montrant les différents. horizons, (b) Coupe géosismique interprétative. Mêmes notations qu'en Fig.7.21.

Fig.7.23. Ligne sismique L11 de direction NE-SW. (a) Profil sismique montrant les différents horizons, (b) Coupe géosismique interprétative, P15: Puits de calage. Mêmes notations qu'en Fig.7.21.

Fig.7.24. Carte isochrone au toit du Langhien dans le golfe de Hammamet (F: faille, H: horst et structures plissées, G: graben et blocs affaissés, P: Puits, L: Lignes sismiques).

Fig.7.25. Carte isochrone au toit du Messinien dans le golfe de Hammamet. Mêmes notations qu'en Fig.7.24.

Fig.7.26. Carte en isobathe au toit de l'horizon Aïn Grab (Langhien). Mêmes notations qu'en Fig.7.24.

Fig.7.27. Carte en isobathe au toit de l'horizon Oued Belkhédim (Messinien). Mêmes notations qu'en Fig.7.24.

Fig.7.28. Carte isopaque Messinien-Langhien du golfe de Hammamet.

Fig.7.29. Carte de localisation géographique des puits et des corrélations lithostratigraphiques: grabens de: (1) Bou Ficha, (2) Cosmos, (3) Kuriates, (4) Halk El Menzel, (5) Pantelleria, (6) Tazoghrane, HEM: Plateforme Helk El Menzel. Le trait pointillé en rouge représente la corrélation NS et en noir la corrélation EW.

Fig.7.30. Corrélation lithostratigraphique NS entre les puits P1-P6, P9, P11 et P15. Réservoirs R1-R5: R1(Abiod), R2 (Bou Dabbous), R3 (Fortuna-Ketatna), R4 (Aïn Grab), R5 (Birsa-Saouaf-Somâa).

Fig.7.31. Corrélations lithostratigraphiques EW entre les puits P8-P14. Même notation qu'en Fig.7.30.

Fig.8.1. Modèle géodynamique de l'évolution des séries du Crétacé au Mio-Pliocène dans le golfe de Hammamet.

Fig.8.2. Modèle géologique simplifié de l'état actuel du Sahel tunisien et du golfe de Hammamet.

Liste des tableaux

Tableau 2.1. Vitesses de déplacement mesurées par GPS dans différentes localités de la mer Méditerranée.

Tableau 5.1. Valeur propre des axes (P, T et B) des contrainte respectives σ_1, σ_2 et σ_3. R: rapport des valeurs propres $(\sigma_3-\sigma_2)/(\sigma_1-\sigma_3)$, n: nombre de mesures par site (1-28), C: constriction, F: aplatissement, PS: déformation plane.